はじめての
薄膜作製技術
【第2版】

草野 英二 著

森北出版株式会社

●本書のサポート情報を当社 Web サイトに掲載する場合があります．下記の URL にアクセスし，サポートの案内をご覧ください．

http://www.morikita.co.jp/support/

●本書の内容に関するご質問は，森北出版 出版部「(書名を明記)」係宛に書面にて，もしくは下記の e-mail アドレスまでお願いします．なお，電話でのご質問には応じかねますので，あらかじめご了承ください．

editor@morikita.co.jp

●本書により得られた情報の使用から生じるいかなる損害についても，当社および本書の著者は責任を負わないものとします．

■本書に記載している製品名，商標および登録商標は，各権利者に帰属します．

■本書を無断で複写複製（電子化を含む）することは，著作権法上での例外を除き，禁じられています．複写される場合は，そのつど事前に(社)出版者著作権管理機構（電話 03-3513-6969，FAX 03-3513-6979，e-mail：info@jcopy.or.jp）の許諾を得てください．また本書を代行業者等の第三者に依頼してスキャンやデジタル化することは，たとえ個人や家庭内での利用であっても一切認められておりません．

はじめに

　薄膜作製技術は，コンピュータからメガネレンズ，さらにはビルディング用の太陽エネルギー遮蔽ガラスコーティングにまで広く使われている技術であり，先端デバイスを製造するためのキーテクノロジーといえる．しかし，薄膜作製技術は，われわれに直接には見えてこない技術であるために，現代社会を支えるキーテクノロジーとしての技術の向上や効率化など，われわれの生活に与えている恩恵が実感されていない．その2，3の例を挙げる．

① 多機能デジタル情報端末により，どこにいても必要な情報が得られるようになり，われわれは直接的にその恩恵を受けるときには技術の向上を実感して感嘆する．しかし，その端末の機能を支えるプロセッサー，センサ，ディスプレイあるいは信号処理における薄膜技術の進歩を感じることはない．

② ハードディスクドライブ付きのビデオレコーダーを量販店の店頭で買い求めようとするときに，低価格でより大きな録画容量をもつ製品を可能とした薄膜作製技術の進歩を思い浮かべることはまずない．店員さんに，ハードディスクやDVDを支える薄膜技術について聞く人はまずいないであろう．

③ 食品の包装における品質や風味の保持機能の向上は，薄膜作製技術の広がりとその低コスト化に支えられている．しかし，それを実感しながらお菓子を食べている人はいない．

まさに裏方の技術であるといえる．

　学術的には，薄膜作製技術は物理と化学の広い基盤のうえに構築される技術でもある．そして，デバイス製造の現場ではあたりまえの技術であるにもかかわらず，学問として薄膜作製技術はまだまだ完成していない技術であるともいえる．このあたりまえの技術であるにもかかわらず，学問的には体系的に理解しがたいという点は，薄膜作製技術を使いこなしていくうえでの難しさの一つである．また，薄膜作製技術は，多くの場合，真空チャンバーというブラックボックスのなかでの技術である．さらにわれわれが直接その物性を測定することが困難であるプラズマを使うことが多い．プラズマを時々刻々モニターしながら薄膜を作製する条件を決定していくことは難しい．また，プラズマの特性には装置依存性があるために，作製される薄膜の特性が作製装置の形や大きさに左右されることになる．このような理由により薄膜作製技術を体系的に理解することが困難であると同時に，生産現場での条件管理が経験と勘による部分を含んでしまう．しかし，製造や開発の現場では，日々，コスト削減やトラブ

ルの低減に追われ，現場で発生する問題を解決することを求められている．長期的視点に立った場合に，やはり日々の問題を解決しながらも，その方法をできるだけ学術的理解にもとづいたものとしていくことが求められる．

　本書は，コンピュータやデジタル家電から太陽エネルギー遮蔽コーティングまで，基盤技術として欠くことのできない薄膜作製技術の基礎を，できる限り体系的に理解することを目的として書かれている．生産現場あるいは研究開発現場における日々の問題を解決していくための，これだという方法はまずないと考えてよいであろう．しかし，手をこまねいて見ているわけにはいかない．とにかく原因を探って，何とか解決方法を見いださなければならない．そのためには，わからないなりにも，できる限り体系的に，そして学術的なアプローチで，原因を見つけだすことが大切である．本書は，はじめて薄膜作製技術を学ぶ人が，できる限り基礎を理解したうえで実践に入っていくきっかけとなるように企画されている．薄膜作製技術をさらに理解していくための，よき導入書となれば幸いである．

　なお，本書は2006年に（株）工業調査会からビギナーズブックシリーズとして出版されたものに加筆修正を加えて再出版したものである．

2012年10月

草野　英二

もくじ

第1章　薄膜とは　　1

1.1　身近にある薄膜　　1
1.2　薄膜とは　　3
1.3　なぜ薄膜を使うのか　　5
 1.3.1　薄膜による新たな表面物性の付加　　6
 1.3.2　nmオーダーのスケールにおいてのみ現れる物性の付与　　7
 1.3.3　高集積化あるいは微細化　　8
1.4　薄膜作製技術のいろいろ　　10
 1.4.1　真空蒸着法　　11
 1.4.2　スパッタリング法　　11
 1.4.3　化学気相成長法　　11
1.5　なぜ真空を使うのか　　12
 1.5.1　気相からの薄膜堆積　　12
 1.5.2　プラズマの形成　　14

第2章　薄膜作製技術の基礎　　15

2.1　圧力とは　　15
2.2　気体分子密度　　16
2.3　圧力の導出　　18
2.4　気体の速さ　　19
2.5　平均自由行程　　21
2.6　気体分子束の大きさ　　22
2.7　プラズマとは　　24
2.8　プラズマを性格づける値　　25
 2.8.1　密度と電離度　　25
 2.8.2　温度　　25
2.9　直流グロー放電　　27
2.10　フローティング電位とシースの形成　　28
2.11　高周波放電　　30

iv　もくじ

- 2.12　表面と薄膜の堆積　32
- 2.13　薄膜の成長機構（濡れと拡散）　36
- 2.14　配向性多結晶薄膜と単結晶薄膜の成長　38
- 2.15　基板に到達する粒子と基板あるいは薄膜との相互作用　39

第3章　真空蒸着法　41

- 3.1　真空蒸着法とは　41
- 3.2　真空蒸着法の基礎　43
- 3.3　真空蒸着装置の概要　45
- 3.4　いろいろな蒸発法　49
  - 3.4.1　抵抗加熱蒸発法　49
  - 3.4.2　電子ビーム蒸発法　52
  - 3.4.3　高周波誘導加熱蒸発法　54
  - 3.4.4　ホローカソード蒸発法　54
  - 3.4.5　レーザビーム蒸発法　55
  - 3.4.6　アーク蒸発法　56
- 3.5　真空蒸着法における薄膜の構造　57
- 3.6　真空蒸着法における薄膜構造制御性および反応性の向上　58
  - 3.6.1　真空蒸着法における薄膜の構造制御　58
  - 3.6.2　真空蒸着法における化合物薄膜の形成　59
  - 3.6.3　イオンプレーティング法およびイオンアシスト法　60

第4章　スパッタリング法　68

- 4.1　スパッタリング法とは　68
- 4.2　スパッタリング現象とスパッタリング率　69
- 4.3　スパッタリング粒子のもつエネルギー　71
- 4.4　スパッタリング法における粒子輸送過程　73
- 4.5　スパッタリング粒子のイオン化　75
- 4.6　スパッタリング法におけるプラズマの生成　76
  - 4.6.1　プラズマの発生とプラズマシースにおけるイオンの加速　76
  - 4.6.2　マグネトロンによる電子の閉じ込め　77
  - 4.6.3　高周波放電　78
- 4.7　スパッタリング装置　79
  - 4.7.1　スパッタリング装置の概要　79

4.7.2　カソード　82
　　4.7.3　電　源　84
　　4.7.4　基板ホルダー　85
　　4.7.5　ガス導入および圧力制御　85
4.8　いろいろなスパッタリング法　86
　　4.8.1　2極スパッタリング法　86
　　4.8.2　直流マグネトロンスパッタリング法　88
　　4.8.3　高周波マグネトロンスパッタリング法　89
　　4.8.4　アンバランストマグネトロンスパッタリング法　90
　　4.8.5　パルスマグネトロンスパッタリング法　92
　　4.8.6　イオン化スパッタリング法　94
　　4.8.7　イオンビームスパッタリング法　95
　　4.8.8　ロータリーマグネトロンスパッタリング法　96
4.9　反応性スパッタリング法　97
4.10　スパッタリング法により堆積された薄膜の構造と物性　99

第5章　化学気相成長法　　102

5.1　化学気相成長法とは　102
5.2　CVD法の応用　104
5.3　CVD法の原理　104
5.4　CVD法における化学反応　105
5.5　CVD法に用いられる原料ガス　107
5.6　CVD装置　108
　　5.6.1　原料ガス供給系　108
　　5.6.2　薄膜推積室　109
　　5.6.3　真空排気系　110
　　5.6.4　その他　110
5.7　いろいろなCVD法　110
　　5.7.1　熱CVD法　111
　　5.7.2　プラズマCVD法　113
　　5.7.3　MOCVD法　115
5.8　CVD法で形成される薄膜の構造　117

第6章　薄膜の評価技術　　118

- 6.1　薄膜形態の観察　118
  - 6.1.1　走査型電子顕微鏡　118
  - 6.1.2　透過型電子顕微鏡　120
  - 6.1.3　走査型プローブ顕微鏡　121
- 6.2　薄膜結晶構造の解析　122
  - 6.2.1　X線回折法　122
- 6.3　薄膜組成の分析　123
  - 6.3.1　X線微小分析法　124
  - 6.3.2　X線光電子分光法　124
  - 6.3.3　オージェ電子分光法　125
- 6.4　光学的物性の評価　125
  - 6.4.1　エリプソメトリーによる屈折率および消衰係数の決定　126
  - 6.4.2　分光透過率および分光反射率測定　127
- 6.5　電気的物性の評価　129
  - 6.5.1　4探針法による抵抗率測定　129
  - 6.5.2　ホール効果測定　129
  - 6.5.3　誘電率　131
- 6.6　機械的物性の評価　132
  - 6.6.1　硬さと弾性率　132
  - 6.6.2　付着力　133
  - 6.6.3　応　力　134
  - 6.6.4　耐摩耗性　136

第7章　薄膜作製技術の応用　　138

- 7.1　半導体デバイス　138
- 7.2　液晶ディスプレイとプラズマディスプレイ　140
- 7.3　記録メディアコーティング　143
- 7.4　太陽電池　147
- 7.5　光学薄膜　149
- 7.6　太陽エネルギー制御コーティング　151
- 7.7　ハードコーティングと装飾コーティング　152
- 7.8　ガスバリアコーティング　153

参考文献　155
さくいん　159

第1章 薄膜とは

　薄膜とは，基板上に堆積した，厚さが数μm（マイクロメートル）以下で，面積に比べて体積が著しく小さい材料をいう．菓子の袋から，光学レンズ，電気・電子機器，さらには太陽電池まで，薄膜はわれわれの生活においてなくてはならない存在となっている．

　薄膜を作製する技術は身近に感じられないかもしれない．しかし，材料に新たな表面物性を付加する，nm（ナノメートル）オーダーのスケールにおいて現れる物性の利用を可能とする，あるいはLSIなどのさまざまな素子の微細化を可能とするなど，現代社会における材料やデバイスの高機能化において重要な役割を担っている．

　本章では，われわれの身近にある薄膜を概観するとともに，薄膜作製技術の概要を述べる．

1.1 身近にある薄膜

　われわれは，毎日，多くの薄膜材料にお世話になっている．身近にある薄膜を，図1.1に示す．まず，毎日食べる菓子の袋には，Alの薄膜がプラスチックフィルムの表面にコーティングされている．これにより酸素が袋を透過するのを防止し，なかの菓子の油の酸化が進むのを防いでいる．レトルト食品の袋なども同様である．透明な袋にも，酸化アルミニウムAl_2O_3や二酸化ケイ素SiO_2の薄膜がコーティングされている場合がある．ほとんどのめがねには，レンズに光学的な反射防止コーティング薄膜が形成されており，ここでも薄膜技術の恩恵にあずかっている．レンズにコーティングが施されているかどうかは，蛍光灯を反射してみればわかる．蛍光灯の反射がやや緑色に見えればコーティング付きのレンズである．デジタルカメラ，コピー機，あるいは液晶プロジェクターなどにも多種多様な光学薄膜が使われている．

　いうまでもなくコンピュータはもちろん薄膜技術の固まりである．心臓部である中央演算装置（Central Processing Unit, CPU）はもちろんのこと，メモリ，ハードディスクドライブ（Hard Disk Drive, HDD）など，すべてにおいて薄膜技術が駆使されている．デジタル製品では，多機能携帯電話や携帯型端末，デジタルカメラ，HDD付きDVD（Digital Versatile Disk）レコーダ，そしてそれらに使われるCD（Compact Disk），DVD，Blu-Ray®などの記録媒体など，すべてが薄膜を用いた製品である．LED（Light Emitting Diode）も薄膜技術を駆使して生産されている．エネルギー消費が少ないために，従来の白熱灯や蛍光灯に代わる光源として普及して

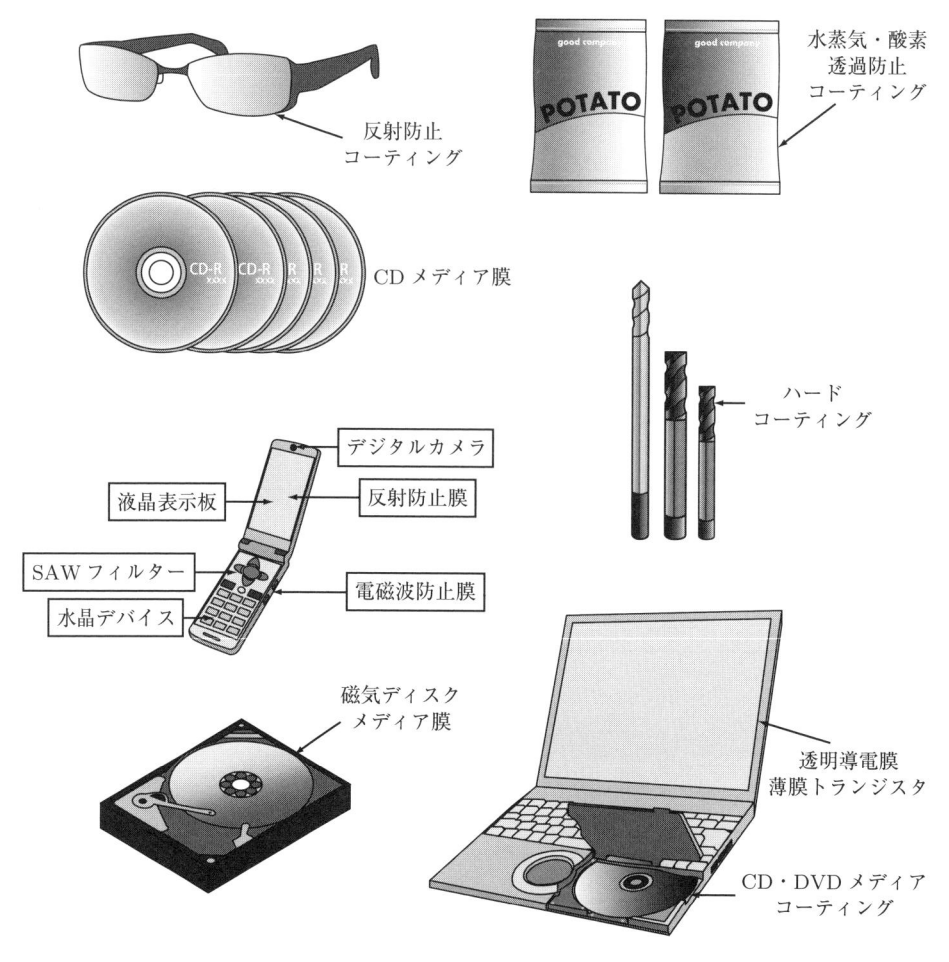

図1.1　身近にあるいろいろな薄膜

きている．

　自動車にも多くの薄膜技術が使われている．目に見えるものとしては，ミラーにまぶしさを抑えるためのコーティングが施されている．青っぽく見えるミラーがコーティングが施されたミラーである．車内のメーター類などにも多くの薄膜技術が使われている．液晶ディスプレイや有機ELディスプレイなどである．目に見えないところでは，電子制御のための種々のコンピュータ，各種のセンサ，ピストンリングなどの摺動部における低摩耗コーティングなどに使われ，ハイブリッドカーにおいては電気回路などにも薄膜コンデンサが多く使われている．

　建築の分野では，コーティングガラスを用いたビルディング，家庭用の省エネルギー窓ガラス，表面の親水性を高めた曇らないガラスなどに薄膜技術が使われてい

る．都心などで鏡のような光の反射を示しているビルの窓には，金属が薄くコーティングされている．家庭用では，Low-Eとよばれているガラスが薄膜コーティングガラスである．銀の薄い膜をコーティングすることにより，熱が屋内から屋外へ逃げることを防いでいる．照明器具にも，可視光のみを透過し，赤外線を透過しない，すなわち熱を抑えるためのフィルターを使っているものもある．

新しいエネルギー源として注目されている太陽電池にも，薄膜が使われている．太陽電池は大きく薄膜型とバルク型とに分類される．多結晶シリコンなどはバルク型であるが，時計や電卓などに昔から使われている太陽電池は，アモルファスシリコン薄膜である．メガソーラーステーションとよばれる大型太陽光発電所には，Cu（Ga, In）（S, Se）$_2$あるいはテルル化カドミウム CdTeなどの薄膜が使われている．

毎日使うティッシュペーパーは，一見，薄膜とは関係なさそうである．しかし，実はその生産工程において，ティッシュペーパーを切りそろえるカッターの刃に薄膜が使われている．刃先に硬くて摩耗しにくい材料をコーティングして，刃先の切れを保っている．刃の寿命が延びることにより，コスト削減につながる．これらのコーティングは耐摩耗コーティングとよばれており，機械加工に使われるドリルやエンドミルなどの刃先のほとんどにコーティングが施されている．

このように，目に見えるところ，目に見えないところを問わず，われわれは薄膜製品に囲まれて暮らしている．

1.2 薄膜とは

薄膜とは，厚さがおおよそ数μm程度で，表面積に比べて体積が著しく小さい材料をいう．また，一般には形状は平板状であり，基板とよばれる材料の上に形成され，保持されている．自立膜とよばれ，基板がなく，薄膜自体が自らを支えているものもあるが，それらは特殊な例である．薄膜の対義語は塊状ということになるが，一般にはバルク材料とよばれる．どの大きさからバルクとよぶかは明確には定められていないが，かたまりとして，その材料の機能を果たしているということが，バルク材料としての一つの基準である．

μmやnmのオーダーの材料でも，厚さと面積の比率が同じくらいであれば，薄膜とはいえない．その形状が球に近ければ微粒子とよばれ，板状であればナノフレーク（薄片）などとよばれる．また，フラーレンやカーボンナノチューブなどもナノ材料であるが，これらは薄膜でも微粒子でもない特殊な材料である．薄膜の概念を図1.2に示す．薄膜において，表面積と体積の比は10^6 m^{-1}程度以上である．たとえば，10 mm角の基板に厚さが100 nmの薄膜を形成すると，表面積が1×10^{-4} m^{2}に対し

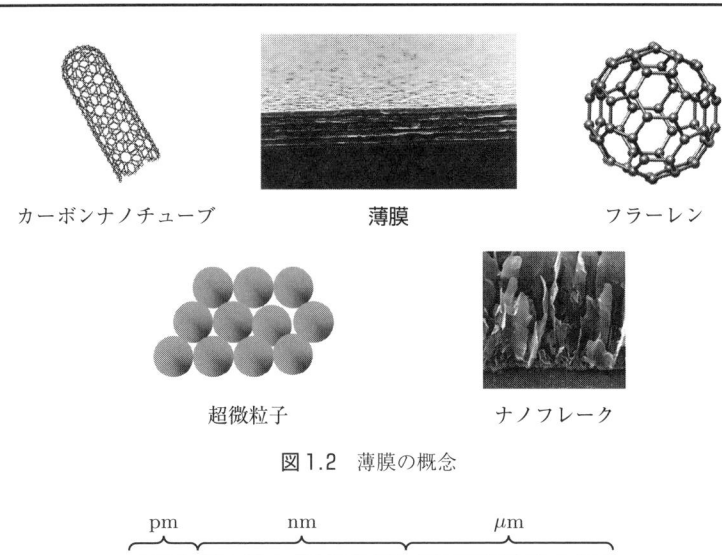

カーボンナノチューブ　　薄膜　　フラーレン

超微粒子　　ナノフレーク

図1.2　薄膜の概念

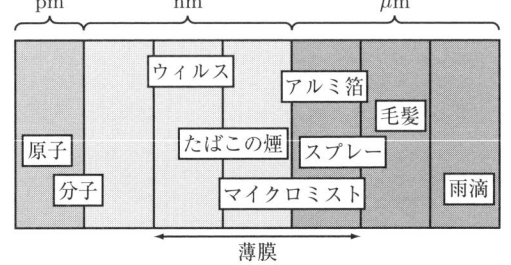

図1.3　いろいろなものの厚さや大きさ

て体積が1×10^{-11} m^{3}となり，その比は10^7 m^{-1}となる．

　薄膜について考える際に，nm（ナノメートル）というサイズがどのようなものかを理解しておくと，薄膜の作製技術や物性の特徴を理解しやすくなる．図1.3に，さまざまなものの厚さや大きさを示す．髪の毛の太さがおおよそ60〜80 μm，キッチンで使うアルミ箔の厚さは6〜10 μmである．ティッシュペーパーの厚さを決めることは難しそうであるが，数10 μm程度である．空気中を漂っている埃は数μm〜10 μm程度で，たばこの煙は1 μmよりやや小さくなる．液体では，スプレーの粒子が数10 μm程度，マイクロミストとよばれる液滴の大きさが数μm程度である．固体に戻ると，微粒子とよばれている材料が10〜100 nm程度，そして，原子や分子の大きさが10分の1 nmのオーダーとなる．いろいろな機能をもつ薄膜の厚さは，おおよそ数10 nmから1 μmである．素子をつくる際には数nmの厚みを制御する．これらから，薄膜作製技術で扱うものがいかに小さいかがわかる．

薄膜が，nm のオーダーにおいて，表面積/体積比が大きいこと，そして基板に支えられていることが薄膜特有の物性を生じる．

表面積/体積比が大きいということは，薄膜においてはその表面物性に薄膜のバルク物性が大きく影響されることを意味する．ここで，薄膜のバルク物性とは薄膜においてのバルクとして扱える部分，すなわち基板界面部分および表面を除いた部分をいう．アルミニウムを例にとってみよう（図1.4参照）．アルミニウムの表面が酸化していても，通常のバルク材であれば物性には大きな影響はないので問題なく使われるが，膜厚が50 nm のアルミニウム薄膜の表面が酸化すれば，その表面の物性の変化が素子としての薄膜全体の物性に大きく影響し，無視できないものとなる．薄膜が非常に薄い場合には，薄膜全体が酸化膜となる．

薄膜材料が酸化すると⇒材料のほとんどの部分が酸化

バルク材料が酸化すると⇒表面だけが酸化

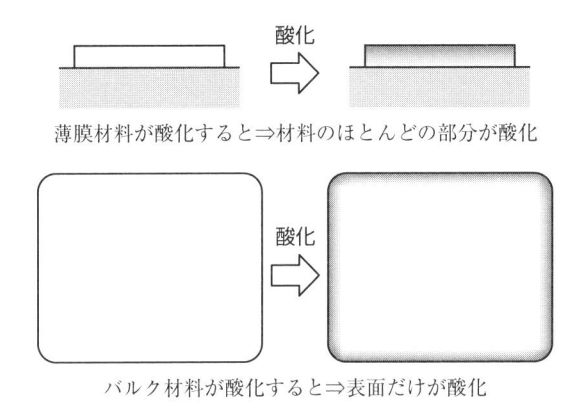

図1.4　薄膜の表面が酸化すると

薄膜が基板に支えられているということは，デバイスの特性や安定性あるいは薄膜物性が，基材と薄膜の相性に大きく影響されることを意味する．最も直接的な影響を受ける物性が付着力である．薄膜が基板から離れてしまっては，もちろん素子として役に立たなくなる．応力の発生も薄膜が基板に支えられていることによる．また，これは薄膜であるがゆえの特性でもある．バルク材でも表面には必ず応力が存在するが，薄膜では，その影響が顕著に現れる．応力が大きい場合には，これが膜はがれや基板の反りの原因となる．応力と付着力の問題は，薄膜を使う場合には避けられない問題である．

1.3　なぜ薄膜を使うのか

薄膜作製技術は，一般にコストの高い技術である．薄膜を使うということは，コストが高くとも薄膜を使うことにそれだけの価値があることを意味する．材料に価値を

付け加えるという観点からその応用を分類すると，おおよそ次のように分けられる（表 1.1 参照）．

① 基材あるいは基板となるバルク材料の特性を保ちながら，新たな表面物性を付加したり，バルク材料に欠けている物性を補ったりする．
② nm オーダーのスケールにおいてのみ現れる物性を利用する．
③ 高集積化あるいは微細化のために薄くする．

この分類により，少し詳しく薄膜の応用例をみてみよう．

表1.1 付加価値による薄膜の応用例の分類

付加価値の分類	薄膜応用例	材料の例
バルク材料の特性を保ちながら，新たな表面物性を付加したり，バルク材料に欠けている物性を薄膜材料で補ったりする．	鏡 エネルギー制御コーティング（7.6 節） 装飾コーティング（7.7 節） 耐摩耗性コーティング（7.7 節） 親水・撥水コーティング 光触媒膜 透明電極膜（7.2 節） ガスバリアコーティング（7.8 節） 電磁波遮蔽コーティング	Al，Ag Ag TiN TiN，TiC，CrC，DLC SiO_2，フッ化物 TiO_2 ITO，SnO_2 Al，Al_2O_3，SiO_2 ITO
nm オーダーのスケールにおいてのみ現れる物性を利用する．	光学フィルター（7.5 節） 反射防止コーティング（7.5 節） 磁気記録メディア（7.4 節） 巨大磁気抵抗素子	SiO_2，MgF_2，Ta_2O_5，TiO_2 SiO_2，MgF_2，Ta_2O_5，TiO_2 Co-Cr 合金 強磁性合金，Al_2O_3
高集積化あるいは微細化のために薄くする．	半導体素子（7.1 節） メモリ素子（7.1 節） 液晶ディスプレイ駆動半導体素子（7.2 節） 微小電子機械デバイス薄膜 薄膜太陽電池（7.4 節）	Si，SiO_2 Si，SiO_2 Si，SiO_2 SiO_2，TiN，Al Si，Cu(In，Ga)Se_2

[注] DLC：ダイヤモンドライクカーボン，ITO：インジウム-スズ酸化物 Indium-tin oxide

1.3.1 薄膜による新たな表面物性の付加

表面物性を付加するための薄膜応用において，最も簡単なものは鏡である．構造材であるガラスの上に，200 nm 程度の膜厚の金属薄膜を形成すると鏡になる．光を反射すればよいので，その膜厚は 200 nm 程度もあればよい．CD のアルミニウム薄膜は読み取りのレーザ光を反射するためのものであり，鏡としての薄膜利用の代表的な例である．さらに，コピー機などに使われている鏡には，増反射コーティングが施してある．鏡の薄膜材料は Al で，この上に低屈折率材料と高屈折率材料を多層に組み合わせた増反射コーティングが形成されている．

ハードコーティング膜，あるいは装飾膜なども，ある形に加工されたバルク材料を

構造材として使いながら，薄膜をコーティングすることにより硬さや耐摩耗性，あるいは色合いなどの表面物性を付与したり，制御したりしている．窒化チタン TiN や炭化チタン TiC などをコーティングしたドリルやエンドミルなどは，超高速度鋼などを母材とし，薄膜をコーティングすることにより耐摩耗性を向上させている．繊維や紙製品を製造する装置にも，多くのハードコーティング膜が使われている．紙や繊維を裁断するカッターの刃，あるいは糸を紡ぐ機械のノズルなどに，TiC あるいはダイヤモンドライクカーボン（DLC）などがコーティングされている．装飾膜としては，時計のバンドや食器などの金色を出すために使われる TiN 膜が代表的である．窒化クロム CrN などを使って，赤っぽい色合いを出しているものもある．母材の物性を保ちながら表面に美しい色合いを付与すると同時に，硬さも増している．

　表面の親水性あるいは撥水性などを制御する薄膜もこの範ちゅうに入る．SiO_2 薄膜を形成すると水に濡れ，ポリテトラフルオロエチレン（PTFE）などの薄膜を形成すると水をはじくようになる．大きな面積のコーティングには比較的厚い薄膜が使われるが，小さなデバイスの表面物性の制御には薄膜の応用が期待されている．

　酸素透過を防止するためのコーティングは，バルク材料にはないガス透過性という物性を補っている．プラスチック包装フィルムは，実は水蒸気や酸素をわずかではあるが透過する．そのため，水や酸素により袋のなかの菓子や食品類が湿気たり，味が変わったりしてしまう．フィルムに金属薄膜あるいは金属酸化物薄膜をコーティングすることにより，酸素あるいは水蒸気の透過を抑える効果がある．ガス透過性は表面物性ではなく，これを薄膜で与える必要性はないものの，金属膜や金属酸化物膜を厚くすると可塑性がなくなるという問題があるため，薄膜コーティングが用いられる．薄い金属膜などで十分にガス透過を防いでいる．最もよく使われる材料は Al である．プラスチックフィルムに Al 薄膜を形成したあとに，薄膜面を内側にして，フィルムどうしを重ね合わせる．酸化物を使う場合にも，薄膜を形成したあとに，薄膜面を内側にしてフィルムを重ね合わせる．

　電磁波遮蔽コーティングは，同じくガラスやプラスチックフィルムなどの材料が，本来もっていない電磁波遮蔽能を補っている．これには，金属薄膜あるいは導電性のある金属酸化物薄膜が用いられる．

1.3.2　nm オーダーのスケールにおいてのみ現れる物性の付与

　材料を非常に薄くしてはじめて得られる物性がある．代表的な物性は光干渉である．たとえば，シャボン玉の薄い膜により光が干渉して虹色に見えるが，このような薄い膜を厚さを制御しながら作製したものが光学薄膜である．もちろん，シャボン玉と違い丈夫な膜である．光屈折率の低い薄膜と光屈折率の高い薄膜とを何層か積層

し，その干渉を利用して光反射を抑えたり，ある波長の光のみを透過したりする．

光干渉の原理を図 1.5 に示す．可視光域の光の干渉を起こすためには，各層の膜厚は数 10 nm 程度でなければならない．したがって，薄膜でなければ光干渉の特性を利用することはできない．反射防止膜では，低屈折率材料と高屈折材料の組合せは 4 層程度である．しかし，エッジフィルターあるいはバンドパスフィルターとよばれる，ある波長の光の透過を遮断するもの，あるいはある波長のみを選んで光を透過するものなどでは，その組合せは十数層から，数十層になる．一般には，層数を多くするほど特性のよいフィルターを作製することができる．

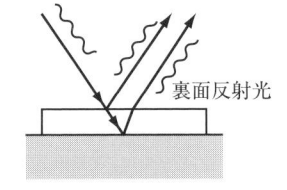

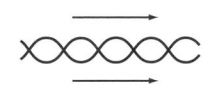

図 1.5　光干渉の原理

金属を薄膜にし，透明にして使うという例もある．ビルディングなどの窓から屋外への熱の放射を抑えるための薄膜であり，材料には銀が使われている．銀を薄くしていくと 10 数 nm の厚みでほぼ可視光を透過するようになる．一方，この薄い銀薄膜は赤外線を放射しないという特性をもつ．この，銀を金属酸化物の薄膜ではさみ込んだ構造の薄膜を窓ガラスの上に作製すると，外はよく見え，可視光は取り込むけれども室内の熱は逃がさない，という窓ができる．寒冷地での暖房エネルギーの削減に有効である．

ハードディスクに使われる磁気記録層は，その厚みを薄くすることで保磁力が大きくなり，磁気記録媒体としての特性が向上する．磁気記録層の厚さは数十 nm 程度である．この薄い磁気記録層にコンピュータのソフトや文章データ，あるいは写真のデータが記録されている．特殊な例では，磁気ヘッドに使われるトンネル磁気抵抗効果を利用する薄膜がある．トンネル磁気抵抗効果は，膜厚が数 nm 程度になってはじめて現れる物性であり，膜厚が厚くては使えない．薄膜磁気記録層の特性の改善とトンネル磁気抵抗効果を応用したヘッドは，ハードディスクドライブの高記録密度化を支える技術である．

1.3.3　高集積化あるいは微細化

高集積化あるいは微細化のために薄膜を使う場合の代表例は，大規模集積回路

（Large Scale Integration, LSI）やランダムアクセスメモリ（Random Access Memory, RAM）に使われている薄膜である．薄膜というよりも，LSIやRAMが微細構造そのものであり，薄膜をより薄くしていくということは，これらのデバイスの微細化の結果である．

　よく知られているように，初期のトランジスターは点接触型で，薄膜とは縁のないものであった．薄膜作製技術および加工技術を用いて集積回路（Integrated Circuit, IC）を作製することが可能となり，チップの高集積化は一挙に進んだのである．さらに，この1個1個の集積素子が微細化され，いわゆる最小加工寸法がnmの領域に入ってきた現在では，1個のLSIのチップのなかには1億個もの素子が埋め込まれている．また，RAMの高集積化もLSIと同様にどんどん進み，その集積度はギガ，すなわち10億個を超えている．

　この素子に配線をするためには，何層にも金属配線を積み重ねる必要が生じ，多層配線構造に移行して，平坦化技術が必須となる．これらは，すべて薄膜を微細に加工する技術と，より薄い薄膜を作製する技術の進歩による．デジタルカメラや携帯電話の記憶素子として使われている，フラッシュメモリとよばれている素子の高密度化および低価格化も，薄膜作製技術および微細加工技術の進歩の結果である．

　DVDドライブやCDドライブには，半導体レーザが使われている．われわれが直接目にすることはないが，データの書き込みあるいは読み取りはすべてレーザ光による．この半導体レーザも代表的な薄膜素子であり，素子そのものの大きさは数mm程度である．現在，DVDドライブに使われているレーザでは2波長発振という，一つの小さな素子から異なる波長のレーザ光を発振できるしくみになっている．これらは，すべて微細化の結果である．LED（Light Emitting Diode）は，近年，省エネルギー光源として実用化されている．明るく，見やすい光源として，信号機や懐中電灯に多く使われており，さらには，一般の照明にも使われるようになった．このLEDも薄膜堆積技術と微細加工技術により生産されている．

　MEMS（Micro Electro Mechanical System）とよばれる微小機械電気素子にも，多くの薄膜技術が使われている．代表的なものがセンサである．センサ素子を微小なデバイスに組み込んでいく，あるいはSiウェハー上につくり込んでいく場合には，必ず薄膜技術が必要となる．ガスセンサ，温度センサ，あるいは圧力センサなど，多くの素子が薄膜を利用して微細化されている．マイクロロボットなどの微細なアクチュエータ素子の作製にも薄膜材料が不可欠である．MEMSやマイクロロボットなどはまだまだ開発段階にあるが，今後の高集積化にはさらなる薄膜技術の応用が不可欠である．

1.4 薄膜作製技術のいろいろ

　薄膜作製技術を整理して，図1.6に示す．大気圧のもとで液体を原料として薄膜を作製する方法と，圧力を低くしたチャンバーとよばれる容器内で気体を原料として薄膜を作製する方法とに大別できる．

　大気圧のもとで液体を原料として薄膜を作製する方法において，最も簡単なものは塗布法で，刷毛で塗る方法である．しかし，刷毛で塗るだけでは厚さが均一で薄い膜はなかなかできない．そこで，少し工夫をして，基板を回転させながら溶液を塗布したり，スプレーで吹き付けたりする．ディッピングとよばれる方法は，薄膜となる材料を溶かした液体のなかに基板を浸漬し，その上に付いた液を乾かすことにより膜を

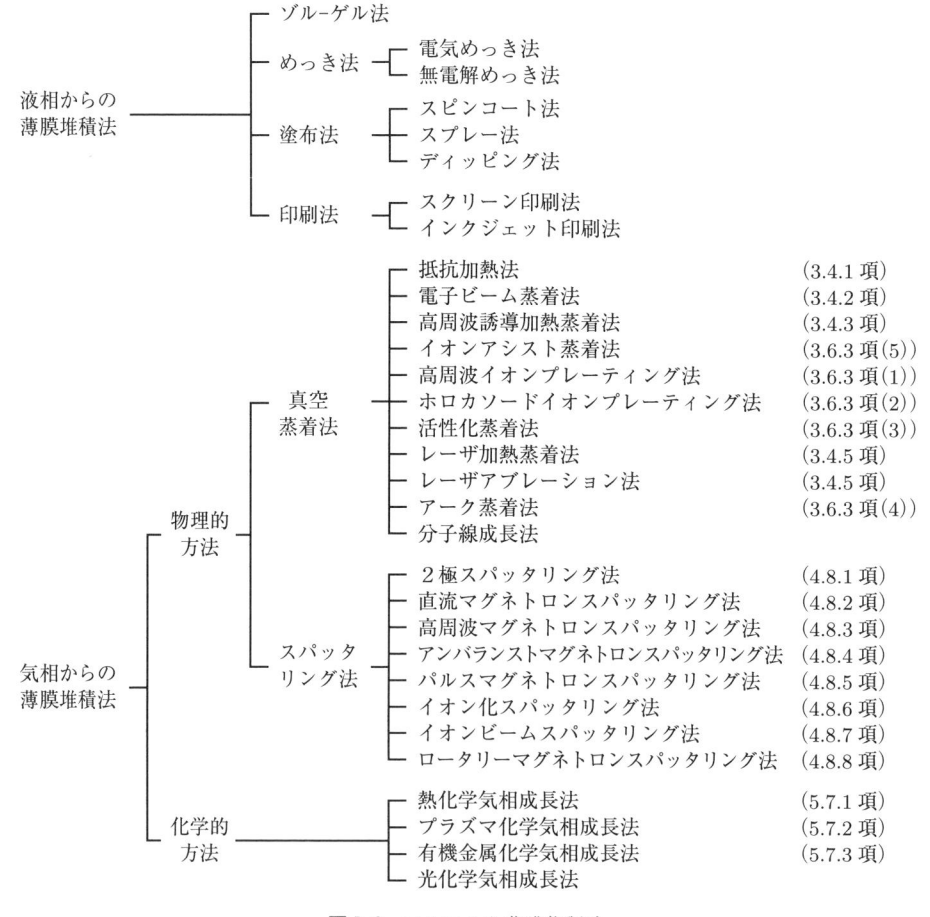

```
液相からの      ┬ ゾル-ゲル法
薄膜堆積法      ├ めっき法 ─┬ 電気めっき法
                │           └ 無電解めっき法
                ├ 塗布法 ─┬ スピンコート法
                │         ├ スプレー法
                │         └ ディッピング法
                └ 印刷法 ─┬ スクリーン印刷法
                          └ インクジェット印刷法

気相からの      ┬ 物理的  ┬ 真空    ┬ 抵抗加熱法                      (3.4.1項)
薄膜堆積法      │ 方法    │ 蒸着法  ├ 電子ビーム蒸着法                (3.4.2項)
                │         │         ├ 高周波誘導加熱蒸着法            (3.4.3項)
                │         │         ├ イオンアシスト蒸着法            (3.6.3項(5))
                │         │         ├ 高周波イオンプレーティング法    (3.6.3項(1))
                │         │         ├ ホロカソードイオンプレーティング法 (3.6.3項(2))
                │         │         ├ 活性化蒸着法                    (3.6.3項(3))
                │         │         ├ レーザ加熱蒸着法                (3.4.5項)
                │         │         ├ レーザアブレーション法          (3.4.5項)
                │         │         ├ アーク蒸着法                    (3.6.3項(4))
                │         │         └ 分子線成長法
                │         └ スパッ  ┬ 2極スパッタリング法              (4.8.1項)
                │           タリング法├ 直流マグネトロンスパッタリング法 (4.8.2項)
                │                    ├ 高周波マグネトロンスパッタリング法(4.8.3項)
                │                    ├ アンバランストマグネトロンスパッタリング法(4.8.4項)
                │                    ├ パルスマグネトロンスパッタリング法(4.8.5項)
                │                    ├ イオン化スパッタリング法        (4.8.6項)
                │                    ├ イオンビームスパッタリング法    (4.8.7項)
                │                    └ ロータリーマグネトロンスパッタリング法(4.8.8項)
                └ 化学的  ┬ 熱化学気相成長法                          (5.7.1項)
                  方法    ├ プラズマ化学気相成長法                    (5.7.2項)
                          ├ 有機金属化学気相成長法                    (5.7.3項)
                          └ 光化学気相成長法
```

図1.6　いろいろな薄膜作製法

得る方法である．大気圧のもとで薄膜を液体から作製する方法は簡便で安価である．しかし，nmオーダーで膜厚を制御することは難しく，また，塗布法やスプレー法などでは，均一に平坦な膜を得ることはできない．ディッピング法は，比較的膜厚や膜厚の均一性を制御しやすく，フロッピーディスクの製造などに用いられている．

圧力を低くした容器内での薄膜作製方法には，蒸着法，スパッタリング法，および化学気相成長（CVD）法などがある．これらの方法は，
① nmオーダーの薄い膜の膜厚制御が可能である．
② 膜厚均一性の制御が可能である．
③ 大気圧のもとでの薄膜作製方法と比べて物性のよい薄膜を作製することができる．

などの特徴をもつ．

1.4.1 真空蒸着法

真空蒸着法（第3章）は，さらに，抵抗加熱蒸着法や電子ビーム蒸着法などに細分される．蒸着法は，基本的には薄膜にする材料を熱的に蒸発させ，それを基板上で凝縮させて薄膜を作製する方法である．電気抵抗により得られるジュール熱を，蒸発のエネルギーとして利用するのが抵抗加熱蒸着法であり，電子ビームのエネルギーを利用するものが電子ビーム蒸着法である．イオンプレーティング法やイオンアシスト蒸着法は，薄膜の構造をさらに緻密化し，よりよい物性をもつ薄膜を得るために使われる方法である．アーク蒸着法は，アーク放電を蒸発のエネルギー源とする方法である．レーザアブレーション法も蒸着法の一つである．レーザアブレーション法では，薄膜とする材料を蒸発させるためにレーザ光を使う．

1.4.2 スパッタリング法

スパッタリング法（第4章）は，マグネトロンスパッタリング法，そして電界の印加の方法により，直流スパッタリング法や高周波スパッタリング法などに分類される．イオンビームスパッタリング法は，加速されたビーム状のイオンを用いるスパッタリング法である．スパッタリングとは，加速されたイオンをターゲットとよばれる材料にぶつけて，材料をたたき出すことをいう．薄膜作製技術においては，気相中にたたき出された粒子を基板上で凝縮し，薄膜とすることをも含めてスパッタリング法とよんでいる．

1.4.3 化学気相成長法

化学気相成長法（第5章）は，薄膜とする材料を，金属塩化物や有機金属化合物などの気体として供給し，これを分解することにより，基板上で金属あるいは金属化

合物などを薄膜として堆積させる方法である．供給される材料は蒸気圧が高く，基材までは壁面などに堆積されずに輸送されるが，この材料が基材上でいったん分解されると，蒸気圧の低い金属などとなり，基材の上に堆積される．供給された材料を熱的に分解する場合は熱化学気相成長法といい，プラズマの助けを借りて分解する場合はプラズマ化学気相成長法という．供給される材料の蒸気圧が高い場合には，真空を用いずに大気圧下において薄膜を作製することもある．

　本書において対象とする薄膜は，膜厚がnm〜数μmの範囲のものとする．大気圧下における薄膜作製法では，膜厚や膜質，そしてそれらの均一性を高精度で制御できないことが多い．したがって，本書で紹介する薄膜作製技術のほとんどは，圧力を低くした容器内で行われる方法である．

1.5　なぜ真空を使うのか

　真空とは，大気圧より圧力が低い状態をいう．真空掃除機は真空をつくる装置として身近な例である．薄膜作製においては，より低く，かつ制御された真空を使う．真空を使うということは，プロセスとしてのコストが高くなることにつながる．しかし，多くの薄膜作製技術では真空を使うことが必須である．薄膜の作製に真空を使うのにはいくつかの理由がある．ここでは，真空を使う理由と薄膜の物性の関連について述べる．

　真空を使う理由は，以下のようにまとめられる．
① 薄膜とする材料の蒸気を，薄膜作製のための材料供給源として使うことにより，原子の大きさに近い薄い膜の堆積およびその膜厚の制御を可能とする．
② 薄膜となる材料が基材まで到達することを容易にする．
③ 大気中の薄膜作製では得られない，より緻密な構造をもち，よりよい物性の薄膜を形成する．
④ 化学的に不純物となる酸素O_2，窒素N_2，あるいは水H_2Oなどを取り除いた雰囲気において，薄膜を形成することにより，高純度の薄膜の作製，およびその組成制御を可能とする．
⑤ 真空においてプラズマを形成し，材料の蒸発や薄膜の緻密化を可能とする．

1.5.1　気相からの薄膜堆積

　まず，真空中において蒸気を使う理由を説明しよう．たとえば，厚さが50 nmの薄膜を作製することを考える．原子の数にして，100個程度を積み上げることになる．この厚さの薄膜をつくろうとすれば，供給する材料の大きさを，少なくともこの

50分の1くらいにはしたい．これは，供給する材料を，ほぼ原子レベルの大きさにしないといけないことを意味する．図1.3に示したように，スプレーの粒子の大きさは10 μm程度である（この粒子は気体ではなく液体である）．この大きさの粒子からは薄膜をつくることはできない．もちろん，この粒子が原子層の厚み（0.1 nm）に均一に広がればよいが，それは困難である．そこで，材料を蒸気にして原子の大きさまで粒子を小さくし，この蒸気を数層ずつ積み重ねながら，固体として薄膜をつくる．

原子程度の大きさの粒子が薄膜となるためには，その材料が供給源から基板まで移動する必要がある．これを輸送という．圧力が高い場合には，輸送過程において，原子の大きさの粒子が気体粒子によって散乱されて，基板まで到達できなくなる．逆に，圧力が低い状態では，この原子の大きさの粒子が，数が少なくとも，ほかの気体にぶつかることなく，基板材料まで到達する．したがって，原子程度の大きさの粒子を使って薄膜をつくるには圧力が低いこと（＝気体粒子が少ないこと）が必要である．さきに述べたスプレーによりつくられた粒子は，粒子の大きさが大きいために（正確には質量が大きいために）気体を押しのけて進むことができるのである．

薄膜の構造を制御するという観点からは，空気の物理的な影響がある．物理的という意味は化学的反応をしなくても邪魔になることである．圧力の高い状態で薄膜を形成すると，密度の高い膜はできない．これは，薄膜となる粒子のエネルギーが小さく，十分に密な膜が形成できないためである．とくに，基板材料の温度を上げない場合には，薄膜材料がもつエネルギー自体が，密な薄膜を形成する駆動力となる．圧力が高いと，薄膜材料のエネルギーが気体粒子との衝突により奪い取られ，高密度な膜の形成を妨げてしまう．

不純物としての空気を除去する理由は明らかである．原子状態の金属蒸気はエネルギー的に高い状態にある．この金属原子蒸気は，簡単に空気中のO_2，N_2，あるいはH_2Oなどと反応する．わずかでも空気が存在すれば，また，わずかでもO_2やH_2Oがあれば，得られた薄膜は酸化物を含んだ薄膜となり，純粋な金属薄膜ではなくなる．また，薄膜バルク中のO_2などの不純物量を減らしたとしても，表面が酸化してはいけない．どのように薄い層の酸化でも，薄膜の物性に大きな影響を与えてしまうので，組成を制御する際にも不要な気体などがない環境下での薄膜堆積が必要である．TiNは金色の輝きをもつ薄膜であるが，O_2を含むと金色が鈍ってえび茶色となる．そのため，水分を除いた状態でN_2やアンモニアNH_3を導入し，チタンTiと反応させ，ほぼ純粋な窒化物薄膜を堆積することにより金色の輝きが得られる．このように，H_2OやO_2を取り除くことが，良質の窒化物を得るために必要である．

1.5.2 プラズマの形成

最後に，プラズマの形成がある．薄膜作製技術においてはプラズマの助けを借りることが多い．プラズマとは，気体分子あるいは原子から電子が取り去られ，イオンとなった状態をいう．われわれの身近なものとしては，蛍光灯やプラズマディスプレイがプラズマを用いる装置の代表である．プラズマは，エネルギー的に高い状態にあるので，薄膜を形成する材料を蒸発させたり，薄膜の成長の助けとなるエネルギーを薄膜を形成する材料や基板に与えることができる．大気圧下においてもプラズマを形成することができるが，広い面積に密度が高く安定なプラズマをつくろうとすると，圧力を低くしたほうがよい．低い圧力において均一で安定なプラズマを形成させることも，真空を使う理由の一つである．

以上のように，真空を使う理由は，蒸気，衝突，散乱，不純物，プラズマなどのキーワードで表される．したがって，薄膜作製技術の理解には，これらのキーワードの理解が必要となる．次章では，これらの薄膜作製技術の理解を助ける基礎について，簡単な数式を使いながら述べる．

第2章 薄膜作製技術の基礎

　より薄く，より緻密で，よりよい物性をもった薄膜の作製は，大気圧より圧力が低い状態，すなわち真空下で行われなければならない．薄膜作製技術を理解するためには，まず真空技術についての知識が必須となる．また，薄膜作製において，より低い温度で良質な薄膜を堆積するために，プラズマが使われることが多い．さらには，固体である薄膜が気体からどのように堆積・成長していくか，その機構を理解しておくことも，薄膜の構造および物性の理解と制御に欠かすことができない．本章では，真空，プラズマ，そして薄膜堆積機構について述べる．

2.1 圧力とは

　われわれが暮らしている地球上において基準となる圧力は1気圧である．これを，SI単位であるPa（パスカル）で表すと，1.013×10^5 Paとなる．SI単位とは，国際的に共通に使われている単位のことで，m，kg，s（秒）などの単位がこれにあたる．天気予報では，「台風の中心気圧は970 hPaです．」などと表現される．h（ヘクト）は100倍のことである．1気圧は1013 hPaとなる．hPaのほうがわかりやすければこの値を覚えておけばよい．

　圧力とは，単位面積あたりに作用する力のことをいい，大気中における圧力のみをいうものではない．水圧ももちろん圧力であり，何かを押さえつけたような場合に単位面積あたりに作用する力のことである．単位面積あたりに作用する力であるから，力の単位N（ニュートン）を用いて[Pa] = [N/m^2]となる．圧力とは何かを理解しておくことは，真空を用いる薄膜作製技術を理解するうえで，たいへん重要なことである．

　圧力の単位として，Paのほかに Torr（トル），bar（バール），あるいは kgf/cm^2

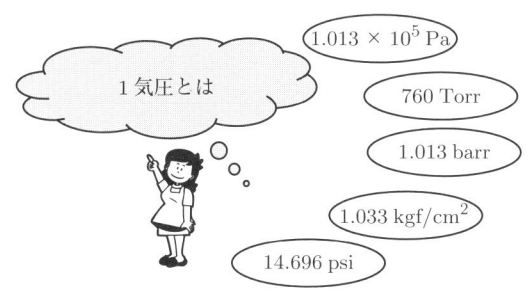

図2.1　1気圧とは

1気圧とは
- 1.013×10^5 Pa
- 760 Torr
- 1.013 barr
- 1.033 kgf/cm^2
- 14.696 psi

(kilograms-force per square centimeter) などの単位が使われる．アメリカでは，psi（pound-force per square inch）という単位が使われる．これらの単位で1気圧を表すと，図2.1に示したように1.013 bar, 1.033 kgf/cm², 760 Torr, 14.696 psiとなる．各圧力の換算係数を，表2.1に示す．

表2.1 いろいろな圧力の単位とその換算

	標準気圧 [atm]	SI単位 [Pa]	旧メートル法単位 [barr]	工学気圧 (at) [kgf/cm²]	水銀柱単位 [Torr]	ヤード・ポンド法単位 [psi]
atm	1	101325	1.0133	1.0332	760	14.696
×10⁵ Pa	0.98692	100000	1.0197	1.0197	750.06	14.503
barr	0.98692	100000	1	1.0197	750.06	14.503
kgf/cm²	0.96784	98066	0.98064	1	735.56	14.223
×10³ Torr	1.3158	133322	1.3332	1.3595	1000	19.337
psi	0.06805	6895	0.06895	0.07031	51.715	1

2.2 気体分子密度

真空を扱ううえで必ず理解しておかなければならない，気体分子の状態に関する概念がいくつかある．まず，ここでは気体分子密度について説明する．

気体分子密度は，単位体積あたりの気体分子の数をいう．単位は個/m³である．一般には，離散量である分子や原子の数を数えるときには単位をつけないが，本書では，わかりやすさを考慮して個という単位（助数詞）を用いることにする．

さて，気体分子密度を求める最も基本となる式は，気体の状態方程式

$$PV = nRT \tag{2.1}$$

である．ここで，Pは圧力，Vは気体の占める体積，nは気体の物質量，Rは気体定数，Tは気体の絶対温度である．SI単位を使う場合には，PにPa，Vにm³，nにmol，TにはKという単位を使う．そして，Rは8.314 J/(mol·K)となる．

気体の状態方程式は，ボイルの法則とシャルルの法則を組み合わせたものである．ボイルの法則とは，
「一定量の気体の体積は，その温度が一定であれば，その気体の圧力に反比例する」
というものであり，シャルルの法則とは，
「一定量の気体の体積は，圧力が一定であれば，絶対温度に比例する」
というものである．気体定数は，ボイルの法則とシャルルの法則を結びつけることに

より定められた値である．

気体分子密度 N をアボガドロ定数 N_A と物質量 n を用いて表すと，

$$N = \frac{nN_A}{V} \tag{2.2}$$

となる．アボガドロ定数は，物質 1 mol あたりに含まれる原子あるいは分子の数であり，$N_A = 6.02 \times 10^{23}/\text{mol}$ となる．式 (2.2) に気体の状態方程式を組み入れると体積 V の気体に含まれる分子の数となる．式 (2.2) と式 (2.1) より，

$$N = \frac{N_A P}{RT} \tag{2.3}$$

となる．SI 単位においては，N の単位は個/m^3 となる．

式 (2.3) は，気体分子密度が，温度が一定であれば圧力に比例し，圧力が一定であれば温度に反比例することを示している．1 気圧，27°C のもとでの気体分子密度を計算すると，$N = 2.4 \times 10^{25}$ 個/m^3 となる．温度を 27°C で一定とすると，

圧力が 1 Pa において $N = 2.4 \times 10^{20}$ 個/m^3

圧力が 10^{-5} Pa において $N = 2.4 \times 10^{15}$ 個/m^3

圧力が 10^{-10} Pa において $N = 2.4 \times 10^{10}$ 個/m^3

となる[1]．

これらの値からわかることは，真空が決して "真" に "空" の状態ではないことである（図 2.2 参照）．この残留している気体分子を積極的に使うこともあれば，邪魔なものとして扱うこともあるが，薄膜作製プロセスを考えるうえで，残留している気体分子の影響を理解することはとても大切である．

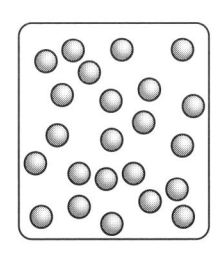

10^{-5} Pa の圧力においても，2.4×10^{15} 個の気体分子が 1 cm^3 中に存在する．

図 2.2　真空は "真" の "空" ではない

---

[1] ここでの説明においては，気体の温度が一定であると仮定されている．真空装置で排気を行う場合には，断熱的な膨張により気体の温度は下がっていく．

2.3 圧力の導出

さきに述べたように，圧力とは，単位面積の壁面に入射する粒子が及ぼす力をいう．われわれの手のひらも顔も，常に，この入射する粒子にさらされている．圧力の概念を理解することは，薄膜作製プロセスを理解するうえで大切である．以下に分子の運動からの圧力の導出の方法を示す．

図2.3に，気体分子の壁への衝突のようすを示す．ここでは，x方向のみへの運動を考えている．ある気体分子の衝突による運動量変化 p_x は，

$$p_x = mv_x - (-mv_x) = 2mv_x \tag{2.4}$$

となる．ここで，m は気体分子1個の質量，v_x は気体分子が x 方向へ進む速さである．図2.3に示したように，気体分子が x 方向に対して垂直な壁にぶつかると，$2mv_x$ の運動量の変化が発生する．また，v_x の速さをもつ気体分子の衝突頻度は $v_x/2l$ となる．単位時間・単位面積あたりの運動量変化が圧力となるので，v_x の速さをもつ気体分子により発生する圧力は，

$$P = \frac{2m v_x \cdot v_x}{2l \cdot l^2} \tag{2.5}$$

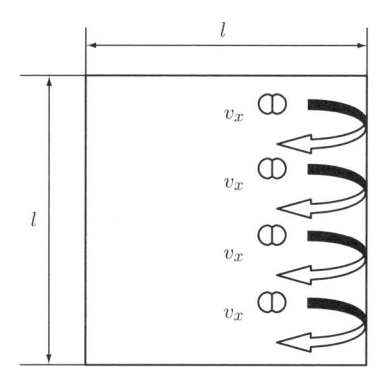

図2.3 気体分子の壁への衝突

となる．異なる速さをもつ個々の分子により与えられる圧力を足し合わせると，全分子によって与えられる圧力となるので，

$$P = \frac{\sum_i m v_{x_i}^2}{l^3} \tag{2.6}$$

となる．ここで，気体分子の x 方向の平均速さは，

$$\overline{v_x^2} = \frac{\sum_i v_{x_i}^2}{N} \tag{2.7}$$

である．よって，圧力は，n を体積 $V(=l^3)$ 中に存在する分子の個数として，

$$P = \frac{n\,m\,\overline{v_x^2}}{V} \tag{2.8}$$

と表される．気体分子密度を用いて式 (2.8) を表すと，

$$P = m\,N\,\overline{v_x^2} \tag{2.9}$$

となる．分子は x, y, z 方向に一様な速さの分布をもって運動していると仮定しているので，平均速さは，

$$\begin{aligned}\overline{v^2} &= \overline{v_x^2} + \overline{v_y^2} + \overline{v_z^2} \\ &= 3\,\overline{v_x^2}\end{aligned} \tag{2.10}$$

となる．したがって，

$$P = \frac{1}{3}\,N\,m\,\overline{v^2} \tag{2.11}$$

となる[1]．

気体分子の種類が決まれば質量 m は定められるので，圧力は気体分子密度と気体分子の平均速さで決まることがわかる．そして，気体分子密度は気体の占める容積と含まれる気体の物質量で決まり，気体分子の平均速さは気体の絶対温度で決まることを考えると，圧力が気体の容積を小さくすることや，あるいは気体の温度を高くすることで大きくなり，逆の場合には小さくなることが理解できる．

2.4 気体の速さ

気体分子密度と同様に，大切な概念が気体の速さである．気体はわれわれのまわりを相当な速さで飛びまわっている．気体の運動エネルギーは，気体温度 T とボルツマン定数を用いて，

$$\frac{1}{2}mc^2 = \frac{3}{2}k_B T \tag{2.12}$$

と表される．これより気体の速さは，

$$c = \sqrt{\overline{v^2}} = \sqrt{\frac{3\,k_B T}{m}} \tag{2.13}$$

となる．この速さを根平均 2 乗速さ (root-mean-square velocity, rms 速さ) という．平均 2 乗速さとは，各分子の速さを 2 乗した値の平均値である．根平均 2 乗速

---

[1] この式 (2.11) は，状態方程式 $PV = nRT$ に，$N = nN_A/V$ と $1/2\,mc^2 = 3/2\,k_B T$ および $R/N_A = k_B$ の関係を代入しても得られる．ここで，c は気体分子の速さ，k_B はボルツマン定数である．

さとは，この平均2乗速さの平方根である．個々の気体の速さを重みづけして平均した値である．平均速さv_aはこの値とは少し異なり，

$$v_a = \sqrt{\frac{8 k_B T}{\pi m}} \tag{2.14}$$

となる．

各種の気体分子および原子の平均速さv_aを表2.2に示す．室温でもN_2やO_2の速さは400 m/s以上となり，気体分子がかなり速く飛びまわっていることがわかる．分子や原子の速さは，そのエネルギーによって決まる．図2.4に，気体の速さの概念を示す．同じ気体でもスパッタリングにより気相中に放出された原子はエネルギーが大きいため，数km/sという速さをもつ．室温近傍にある気体でも数100 m/sという高速で飛びまわっているが，次節に示すように，大気圧においては，ある気体分子はほかの気体分子とすぐにぶつかり，その方向性を失う．そのため，ここで扱う熱による気体分子の運動は，集団としての気体分子の移動には影響しない．われわれは，気体分子個々の速さを感じることはなく，気体の集団としての移動の速さ，すなわち風の速さのみを感じていることになる．集団としての気体の移動は，気体の圧力差や密度の差により生じるものであり，気体分子個々の運動は熱運動であることをよく理解しておかなければならない．

表2.2　いろいろな気体の速さ

気体の種類	分子量	平均速さ v_a [m/s]		
		0 °C	25 °C	100 °C
H_2	2.016	1693	1770	1980
N_2	28.02	454.3	474.7	531.0
O_2	32.00	425.2	444.2	496.9
Ar	39.95	380.5	397.6	444.8
Kr	83.80	262.9	274.7	307.3

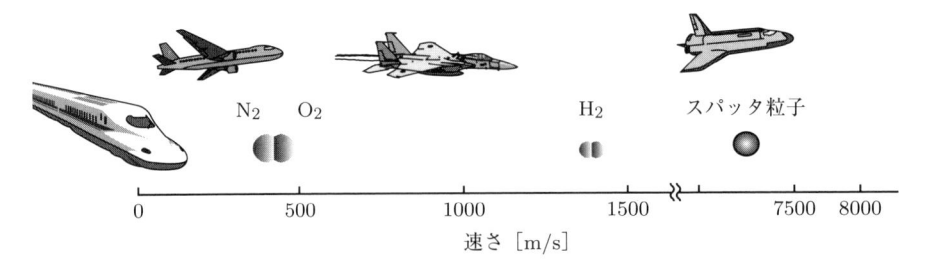

図2.4　分子の速さを比べてみると

2.5 平均自由行程

真空の特徴の一つに，気体分子がほかの分子となかなか衝突しないということがある．蒸着法で薄膜を作製するうえでは，このなかなか衝突しないことの意義が大きい．この，気体分子がほかの気体分子と衝突せずに飛行する距離の平均を，平均自由行程（mean free path）という．その概念を図 2.5 に示す．平均自由行程は，一般に λ で表され，次の式により得られる．

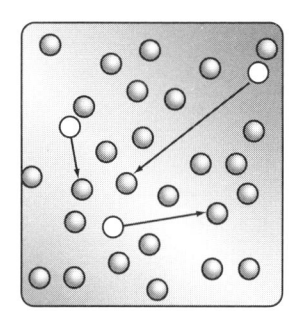

図 2.5 平均自由行程とは

$$\lambda = \frac{RT}{\sqrt{2} N_A \sigma P} \tag{2.15}$$

ここで，σ は衝突断面積とよばれる．図 2.6 に示したように，分子の直径 d を半径とする円筒の内部に別の分子が入れば，分子どうしは衝突する．この円筒の断面積 πd^2 を衝突断面積といい，気体分子の大きさを示す目安である．

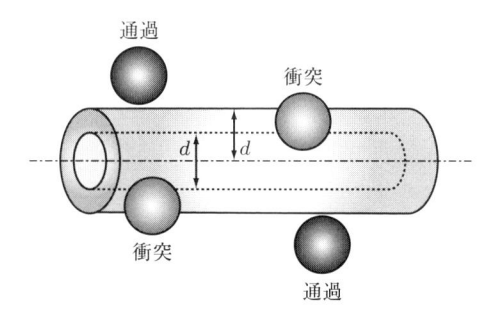

図 2.6 衝突断面積

室温の空気に対して，平均自由行程を計算すると，

$$\lambda\,[\mathrm{mm}] = \frac{6.6}{P\,[\mathrm{Pa}]} \tag{2.16}$$

となる．P は Pa を単位とする圧力である．この式 (2.16) より，平均自由行程は大

気圧では65 nm, 1 Paでは6.6 mm, そして1×10^{-5} Paでは660 mとなる. 大気圧では, 分子の大きさの100倍程度の距離を進むとほかの分子にぶつかってしまうことがわかる. いくつかの気体の衝突断面積と平均自由行程を, 表2.3に示す.

表2.3 いろいろな気体分子の衝突断面積と平均自由行程

分子	衝突断面積 σ [nm^2]	平均自由行程 [m]			
		圧力 1.0×10^{-4} Pa	圧力 1.0×10^{-1} Pa	圧力 1.0×10^{2} Pa	圧力 1.01×10^{5} Pa
H$_2$	0.231	1.26×10^{2}	1.26×10^{-1}	1.26×10^{-4}	1.25×10^{-7}
N$_2$	0.430	6.77×10	6.77×10^{-2}	6.77×10^{-5}	6.70×10^{-8}
O$_2$	0.396	7.35×10	7.35×10^{-2}	7.35×10^{-5}	7.28×10^{-8}
Ar	0.402	7.24×10	7.24×10^{-2}	7.24×10^{-5}	7.17×10^{-8}
Kr	0.523	5.57×10	5.57×10^{-2}	5.57×10^{-5}	5.51×10^{-8}

大きなエネルギーをもった, すなわち温度の高い気体分子は, ほかの温度の低い気体分子との衝突を繰り返すことにより冷えていく. これをサーマライゼーションという. 圧力が高い場合には, 温度の高い気体分子は短時間で冷める. 圧力が低い場合には, なかなか冷めず, 温度が高い状態のまま基板や壁に到達する. 薄膜作製プロセスでは, 温度の高い分子が温度の低い分子の集団のなかに存在することがある. 衝突やサーマライゼーション現象は, 堆積される薄膜の物性に大きく影響する.

2.6 気体分子束の大きさ

われわれは, ある速さの分布をもつ気体分子が存在する空間に生活している. すでに述べたように, この気体分子の衝突時の運動量交換が圧力である. われわれの体にも無数の気体分子がぶつかり, われわれは圧力を受けている. 窒素分子や酸素分子などの小さな石つぶてに打たれながら生活しているわけである. 真空中における薄膜堆積においては, この入射分子の数が薄膜の堆積速度や不純物の量を決める. 単位時間あたりに, 単位面積をもつある壁面に入射する気体分子の数を気体分子束という (図2.7 参照).

気体分子束は, 通常, Γで表される. 気体分子束の大きさは,

$$\Gamma = \frac{nv_a}{4} = n\sqrt{\frac{k_B T}{2\pi m}} = \frac{P}{\sqrt{2\pi m k_B T}} \tag{2.17}$$

となる. ここで, nは気体分子密度, Tは温度, mは気体分子の質量, Pは圧力,

$$\Gamma = \frac{nv_a}{4}$$

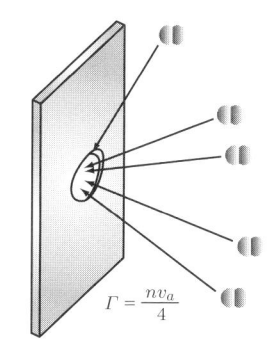

図2.7 断面に入射する分子束

k_B はボルツマン定数である．分子のランダム方向への運動において1方向に入射する数を求めているので，1/4 という係数がかけられている．

この式（2.17）を整理すると，

$$\Gamma = 2.63 \times 10^{20} \frac{P}{\sqrt{MT}} \quad [個/(cm^2 \cdot s)] \qquad (2.18)$$

となる．P は Pa を単位として表された圧力であり，M は g（グラム）を単位とした分子1モルあたりの質量である．同一気体分子種において温度が一定であれば，圧力が高いほど入射分子束は大きくなる．表2.4 に，いくつかの値を示す．

表2.4 いろいろな気体の分子束の大きさ（温度を25°Cとして計算）

気体の種類	分子量	分子束の大きさ[個/(cm²·s)]		
		圧力 10^{-4} Pa	圧力 10^{-1} Pa	圧力 10^2 Pa
H_2	2.016	1.08×10^{15}	1.08×10^{18}	1.08×10^{21}
N_2	28.01	2.89×10^{14}	2.89×10^{17}	2.89×10^{20}
O_2	32.00	2.70×10^{14}	2.70×10^{17}	2.70×10^{20}
Ar	39.95	2.42×10^{14}	2.42×10^{17}	2.42×10^{20}
Kr	83.80	1.67×10^{14}	1.67×10^{17}	1.67×10^{20}

分子束が理解できると，固体表面に入射する分子の数と，固体表面を構成する原子の数の関係を考察することができる．固体の単位表面に存在する原子の数をおおよそ 10^{15} 個/cm² と見積もる．残留空気の圧力が 10^{-4} Pa の場合，この表面に入射する分子束の大きさはおおよそ 3×10^{14} 個/(cm²·s) と見積もられる．固体表面にある1個の原子に，平均して毎秒 0.3 個の気体分子が衝突する計算になる．この衝突した気体分子が必ず固体表面の原子に付着すれば，清浄な固体表面が 3.3 s で吸着した気体分子

に覆われることになる．もちろん圧力が低くなれば，固体表面を気体分子が覆うために要する時間は長くなる．たとえば真空中において，ある材料を劈開することにより得られた清浄な表面を，一定時間清浄な状態に保とうとすると，超高真空とよばれる低い圧力が必要になる．

真空を用いた薄膜作製技術においては，この気体分子束の大きさに加えて，衝突する気体分子種がどれくらいの大きさのエネルギーを壁面に与えるか，つまり，堆積している薄膜表面に運び込むかということが，薄膜の構造や密度，ひいては物性に大きく影響する．エネルギー束の大きさは，気体分子束に気体分子がもつ平均のエネルギーをかけ合わせれば得られる．薄膜の構造制御にイオンのエネルギーを用いる場合には，このエネルギー束の大きさがたいへん重要である．

2.7 プラズマとは

宇宙空間のほとんどはプラズマ状態にある．プラズマは固体，液体，気体と並ぶ，物質の第4の状態ともよばれ，気体分子あるいは原子が電離し，かつ正と負の粒子が自由に動きまわりながら共存し，電気的に中性にある状態をいう．惑星間にある気体は完全に電離した状態にあり，星間プラズマなどとよばれている．図2.8に，プラズマのようすを模式的に示す．

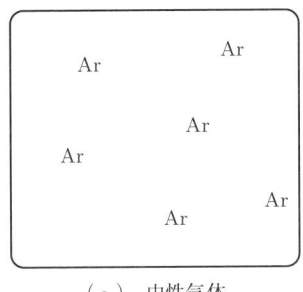

（a）中性気体　　　（b）プラズマ

図2.8　プラズマとは

薄膜作製技術において重要なプラズマは，グロー放電ともよばれ，低い圧力にある気体に電場を加えて放電させたものである．グローとは輝きのことで，プラズマが明るく発光することからグロー放電とよばれる．また，薄膜作製技術に使われるプラズマは，核融合に使われるような，温度が高く，電離の割合が大きいプラズマと比べて，電離の割合が小さい．このようなプラズマを弱電離プラズマという．電離の割合が大きいプラズマと区別するために，薄膜作製技術に使われる弱電離プラズマをプロセスプラズマとよぶ．

2.8 プラズマを性格づける値

本書では，代表的なプロセスプラズマとして，直流グロー放電と高周波グロー放電について述べるが，そのまえに，プラズマの性格を特徴づける値についてまとめておく．

2.8.1 密度と電離度

電離度とは，気体分子あるいは原子のうちイオン化しているものの割合をいう．イオンの密度をN_i，中性粒子の密度をN_0とすると，電離度αは，

$$\alpha = \frac{N_i}{N_i + N_0} \tag{2.19}$$

となる．プロセスプラズマは電気的にほぼ中性の状態にあり，負イオンの存在を無視するとイオンの密度N_iは電子の密度N_eと等しい（$N_i = N_e$）．

プロセスプラズマでは，電離度は$10^{-6} \sim 10^{-4}$程度である．たとえば，圧力が0.4 Paのプラズマを考えると，気体分子密度は10^{15}個/cm^{3}であり，イオンまたは電子の密度は$10^9 \sim 10^{11}$個/cm^{3}程度である．電離度が低いということは，プラズマ中に存在する気体のほとんどは電離していない原子状，あるいは，分子状の気体であることを意味し，1個のイオンのまわりに約1万個から100万個の中性気体分子が存在する．したがって，プロセスプラズマでは，たとえば電子と気体との衝突によるイオン化などを考える場合に，主に電子と電離をしていない気体分子または原子との衝突だけを考えればよい．

2.8.2 温度

プラズマの温度の指標には，電子温度T_e，イオン温度T_i，気体温度T_gがある．われわれが生活している大気中では，気体の温度というと気温であり，気温が25°Cであるといった場合にそのほかの温度を考えることはない．ところが，プラズマ中では上記の三つの温度が存在する．それぞれの温度は単一の値で表されるが，電子あるいは気体分子のすべてが同じ温度（速さ）にあるわけではなく，ある分布（マクスウェル分布）に従った状態にある．

電子温度はプラズマの特性を考えるうえで最も大切である．電子温度の分布を電子エネルギー分布関数という．T_eは，この分布がマクスウェル分布に従うと仮定した場合に与えられる平均値である．電子エネルギーの分布はしばしばマクスウェル分布からはずれるため，T_eのみでプラズマの特性を表すことはできなくなるが，本書では説明を簡単にするために，電子エネルギーの分布はマクスウェル分布に従うとして，電子温度をT_eと定める．

イオン温度T_iは，平衡プラズマ中にあるイオン化された気体の温度である．一般的な気体プラズマであれば，たとえばAr^+の温度がイオン温度である．プロセスプラズマでは，気体が電子とのエネルギー交換により熱せられる際の効率が低く，イオン温度は中性気体温度近傍である．ただし，薄膜作製においては，特定のガスや薄膜を形成する粒子にエネルギーを与えて，粒子のエネルギーを高くすることで，薄膜材料の蒸発を促したり，薄膜の形成時にその緻密化を促したりする．これらの場合には，粒子温度はイオン温度とは異なってくる．

気体温度は，プラズマ中の中性気体の温度である．電離度が低いプロセスプラズマでは，中性気体が高温の電子により熱せられることはない．したがって，気体温度はほぼ室温近傍となる．

プロセスプラズマにおける電子温度は，eVを単位として表されることが多い．eVは単位電荷をもつ粒子を1Vの電位差で加速した場合に得られるエネルギーであり，

$$1.6 \times 10^{-19}\,\mathrm{C} \times 1\,\mathrm{V} = 1.6 \times 10^{-19}\,\mathrm{J} \tag{2.20}$$

となる．また，ボルツマン定数を用いて温度に換算すると，

$$1.6 \times 10^{-19}\,\mathrm{J}/1.38 \times 10^{-23}\,\mathrm{J/K} = 11600\,\mathrm{K} \tag{2.21}$$

となり，1eVが約11600Kであることがわかる．プロセスプラズマにおける電子温度は，数eV程度，すなわち数万Kである．一方，イオン温度あるいは気体温度は，プロセスプラズマの場合，電子温度に比べてイオンあるいは気体温度は低く，とくに加熱しなければ室温程度である．図2.9に示すように，電子は高速で動きまわっているのに対して，イオンあるいは気体はほぼ静止しているという状態である．このように電子温度とイオン温度との差が大きいプラズマを，非平衡プラズマという．われわれが扱うプロセスプラズマの特徴の一つが，この電子温度とイオン温度あるいは気体温度との差が大きいことである．

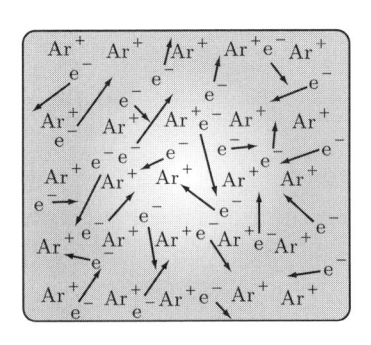

図2.9 電子は熱い，イオンは冷たい

2.9 直流グロー放電

直流グロー放電とは，図 2.10 に示すように，正対した 2 枚の電極間に，1 〜 100 Pa 程度の低い圧力において，抵抗を介して数 100 V 〜 1 kV 程度の直流電圧を印加することにより発生する放電をいう．負電圧を印加される電極を陰極といい，他方を陽極という．放電が，陰極からの電界電子放出により維持されることから，冷陰極放電ともよばれる．

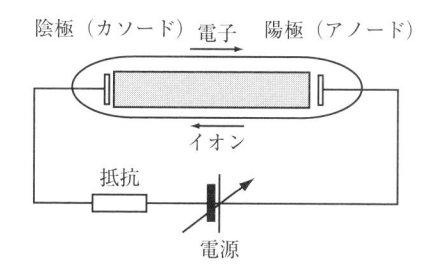

図 2.10 直流グロー放電

図 2.11 に示すように，陰極に近い部分に電界 V が大きく上昇する部分がある．この部分は陰極暗部とよばれる．プラズマ密度（粒子数 p）の高い部分は，負グローとよばれる明るく輝く部分である．電流密度 j は各領域を通じて一定である．陰極から放出された電子は，陰極暗部で加速される．この加速された電子が気体と衝突することにより，電子と正イオンをつくる．この現象が繰り返されることにより，放電が維

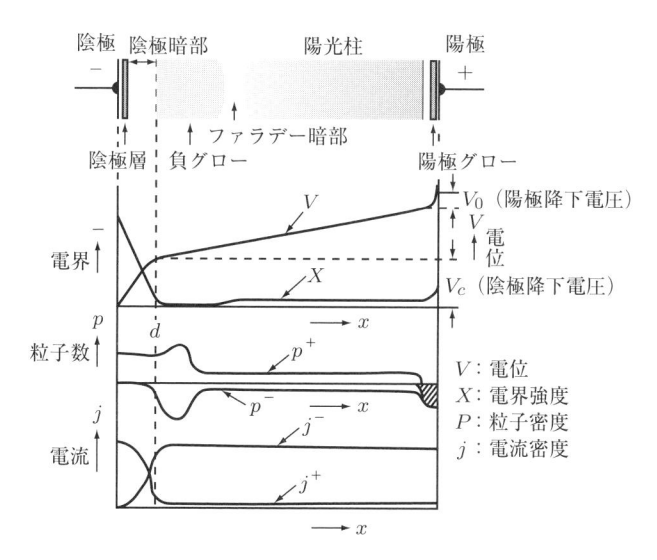

図 2.11 直流グロー放電における電圧，イオン密度，電子密度，および電流密度の分布

持される.放電を維持するエネルギー源は,外部から与えられる電気エネルギーであるが,これが荷電粒子,すなわち電子およびイオンのエネルギーへと変換される場所は陰極暗部の電位勾配の大きい部分である.

なお,加速されたイオンは陰極に衝突し,2次電子の発生を引き起こすと同時に,陰極物質をも気相中にたたき出す.この陰極物質の放出がスパッタリング現象である.

直流グロー放電において,直流抵抗の抵抗値を変化させると,図2.12に示すような電流-電圧特性が得られる.電流密度を増加させると,正規グロー放電とよばれる領域から,電流密度が大きくなる異常グロー放電とよばれる状態になる.さらに電流密度を増加させると,グロー放電はアーク放電に移行する.アーク放電とは,陰極の局所的な加熱による熱電子放出により放電が維持される状態をいい,低電圧-大電流密度の放電である.

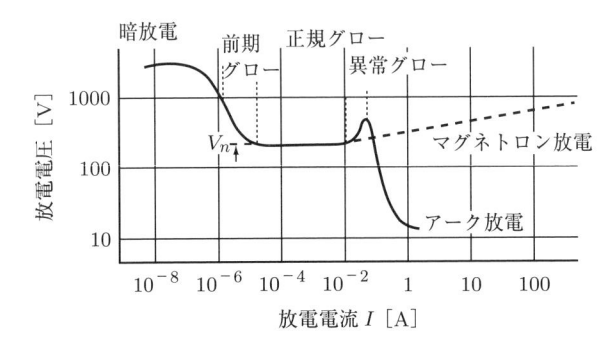

図2.12 直流グロー放電における電流と電圧の関係

2.10 フローティング電位とシースの形成

プロセスプラズマを理解するうえで避けて通れないものが,フローティング電位の発生である.プラズマ中に電気的に絶縁された板を置いたと仮定する.この板にプラズマ中に存在する粒子がぶつかると,その粒子束の大きさは,すでに示したように,式(2.17)で表される.ここで問題となるのは,イオンと電子の粒子束の大きさの差である.圧力が10 Paにおいてアルゴン Ar を放電気体とするプラズマを仮定する.電離度を10^{-6},Ar^+の温度を300 Kとすると,粒子束の大きさは,

$$\Gamma_{Ar^+} = \frac{n_{Ar^+}}{4}\sqrt{\frac{8k_B T_{Ar^+}}{\pi m_{Ar}}}$$

$$= 2.40 \times 10^{12} \text{ 個}/(\text{cm}^2 \cdot \text{s}) \tag{2.22}$$

となる.単位時間あたりに流れ込むイオン電流の大きさは,電荷素量をかけ合わせ

て，
$$J_{Ar^+} = 3.84 \times 10^{-7} \text{ A/cm}^2$$
となる．一方，電子温度を 2 eV とすると，電子の粒子束の大きさは，
$$\Gamma_{e^-} = \frac{n_{e^-}}{4}\sqrt{\frac{8\,k_B\,T_{e^-}}{\pi m_{e^-}}}$$
$$= 7.38 \times 10^{14} \text{ 個}/(\text{cm}^2\cdot\text{s}) \tag{2.23}$$
となり，単位時間あたりに流れ込む電子電流の大きさは，
$$J_{e^-} = 1.18 \times 10^{-4} \text{ A/cm}^2$$
となる．電子電流のほうが大きいので，プラズマ中に挿入された板は一瞬のうちに，プラズマの電位に対して負に帯電する．これは，われわれが計算した粒子束のバランスに影響することになる．

すなわち，さきの計算では粒子の自由な熱運動を仮定して粒子束の大きさを求めていたが，図 2.13 に示すように，板が負に帯電すると電子は反射され，逆にイオンは加速される．板は電子束が大きいあいだは負に帯電していき，電子束とイオン束の大きさがつり合い平衡に達する．この現象は，プラズマ中に挿入された板が電気的に絶縁されている結果であるともいえる．電子束とイオン束の大きさのつり合った電位がフローティング電位 V_f である．

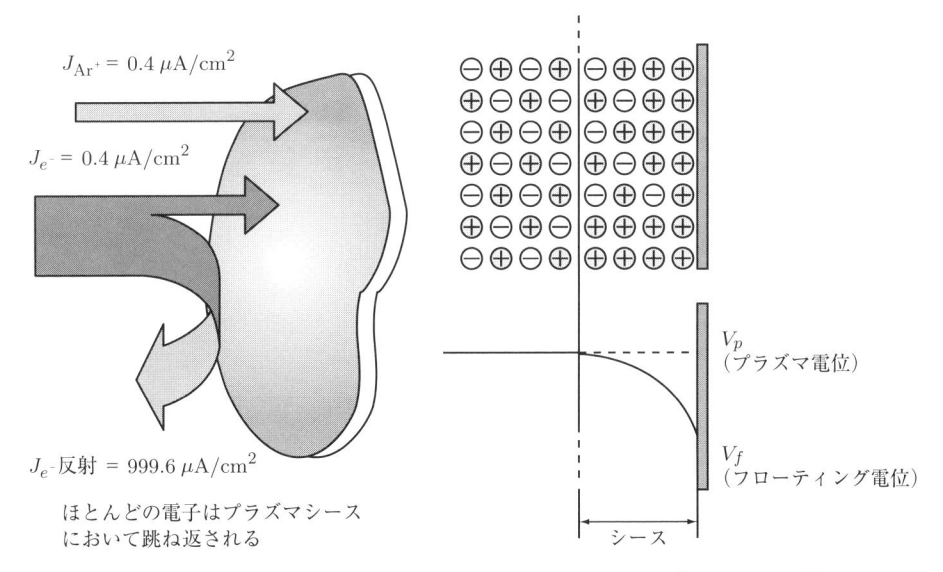

図 2.13 電気的に絶縁された壁面に入射する電子束とイオン束の大きさ

図 2.14 プラズマシースの形成

フローティング電位をもつプラズマ中の板のまわりは，図2.14に示すように，電子に比べてイオンが多い状態となる．このイオンが多い部分のことをシース（鞘）という．プラズマから壁に到達するイオンは，シースはおいて加速され，電子は減速される．

直流2極放電における陰極電位と，フローティング電位，および陽極電位を，模式的に図2.15に示す．陰極にはイオンが入射すると同時に2次電子が放出される．したがって，陰極電位はフローティング電位より低くなり，陽極には電子が流れ込む．電子束がイオン束より大きくなる必要があり，フローティング電位より高い電位となる．陽極のまわりにできるシースが正になるか負になるかは，主として陽極の面積と電子温度により決まる．面積が小さく，かつ電子温度が高くない場合には，陽極周囲のシースは正となる．すなわち，陽極電位がプラズマ電位より高くなる．

陽極シースが負の場合 / 陽極シースが正の場合

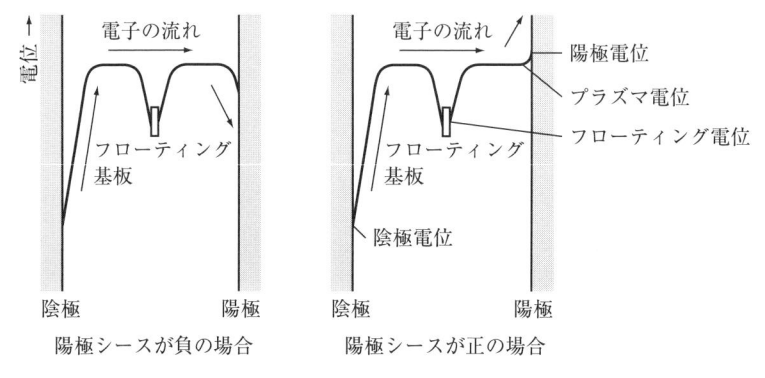

図2.15 2極直流放電における電位の関係

スパッタリングプラズマにおいては，チャンバー壁などが陽極として機能する．この場合は面積も十分に大きく，陽極シースは負となる．すなわち，プラズマ電位より陽極電位は低くなる．この場合においても，陽極電位がフローティング電位より低くなることはない．

2.11 高周波放電

直流放電とともに，プロセスプラズマにおける電界付与の方法として使われるものに高周波電界がある．直流電界においては，電極が導電性でないと放電の維持ができなくなるが，高周波電界を使えば電極が絶縁性であっても，あるいは電極の上に絶縁性の物質が堆積しても放電が持続される．高周波電界の周波数としては13.56 MHzが使われることが多い．これは電波法により，この周波数を工業的に使うことが認め

られているからである．以下に，高周波放電において最も大切な自己バイアスの形成について述べる．ここでは，13.56 MHz の周波数をもつ高周波電界を仮定する．

（1） 容量結合放電と自己バイアス

正対する一組の電極の一方を，直流電流の発生を抑える阻止コンデンサを介して高周波電源につなぎ，もう一方を接地電位につなぐ．電源につながっている側の電極を駆動電極という．図 2.16 に，電極間に高周波電界を加えたときの電極の表面の電位と電荷の動きを模式的に示す．ここでは，変化がわかりやすい矩形波を例として示してある．V_{appl} は，駆動電極部に印加された電圧であり，$V_{electrode}$ は誘電体電極表面に現れる電位である．J は誘電体電極に流れ込む電流を表す．

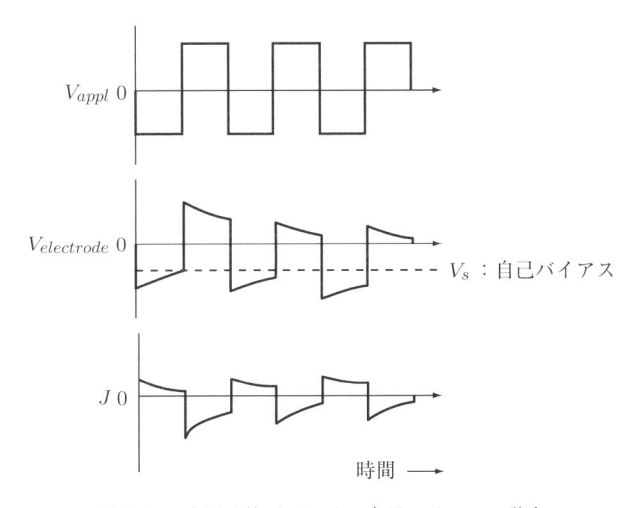

図 2.16 高周波放電における自己バイアスの発生

高周波電界を加えると，電子は電界の変化に対応して動く．すなわち，駆動電極がプラズマ電位より負になれば電子は跳ね返され，正になれば引き寄せられる．同時にイオンも動くが，質量が大きく高周波電界の変化についていけない．イオンが電界の変化に追随できるのは 100 kHz 程度の周波数までである．そのために，電子電流が流れる半周期とイオン電流が流れる半周期において，駆動電極に流れる電流，すなわち駆動電極に入り込む電荷に不つり合いが生じる．駆動電極には阻止コンデンサが直列に接続されているので，高周波放電の 1 周期の間に駆動電極に流れ込む電子電流とイオン電流とはつり合わなければならない．このつり合いのためには，駆動電極がプラズマ電位に対して負に帯電し，電子を反射してイオンを引き込む必要がある．この負の帯電を自己バイアスという．これは，電子電流とイオン電流がつり合った状態である．プラズマ中に絶縁物を置いた場合と同様に，駆動電極前面にはシースが形成

される.平行に設置された電極上に発生した高周波放電を利用したエッチングやスパッタリングは,この自己バイアスの形成を応用したものである.高周波電界の変化により発生する放電を容量結合放電という.

高周波放電は電荷の移動をともなわない.したがって,陽極と陰極というものを考える必要はない.駆動電極に対しては自己バイアスにより定まる電位が与えられ,フローティング電位が電子温度により定まる.チャンバー壁が接地電位にあれば,プラズマはこの接地電位より若干高く,みずからの電位を保つ.

(2) 誘導結合放電

真空チャンバー内,あるいは真空チャンバー外部にコイルを設置して,電磁場の変化を真空中に発生させて放電を起こす方法を誘導結合型高周波放電という.コイルアンテナにより磁界が発生すると,この磁界の変化を打ち消す方向に電界が発生する.この電界により放電が維持される.真空チャンバー内にアンテナにより磁界の変化を発生させることにより放電を維持するので,アンテナは真空の外部に置いてもよい.誘導結合型高周波放電においては,プラズマ電位および自己バイアス電位を定めることができない.実際の誘導結合放電装置においては,真空チャンバー内にある接地電極に対して T_e によりプラズマ電位が定まる.これらは,イオンプレーティング法や化学気相成長法などにおいて使われている放電方式である.

2.12 表面と薄膜の堆積

薄膜が堆積するということは,気相中に存在する物質が基板上で固相に戻り,かたまりとなることである.このかたまりになるときのようすがいろいろな条件により少しずつ違ってくるために,薄膜の構造,そして物性に差がでる.したがって,デバイスとして必要とされる薄膜物性を得ようとすれば,薄膜堆積過程を理解しておくことが大切である.

(1) 身近な気相からの固体成長

薄膜堆積過程がどのようなものかを理解するために,最も身近にある水の薄膜,すなわち水蒸気からの氷の堆積について考えてみよう.冷凍庫で凍らせておいた飲料缶を室内に出した際に,室温のもとで霜がつくようすを考えてみる.図2.17に,その概念を示す.まず,霜がつくためには,表面の温度が水の融点以下でなければならない.冷凍庫から出してすぐの缶は,この条件を満たす.缶の表面に水分子が到達すると,到達した水分子は表面に吸着する.吸着した分子はある時間,缶の表面に滞在する.この時間は温度が低いと長くなる.温度が高い場合には,水分子の缶の表面における滞在時間は短くなる.缶表面に滞在している水分子の上に,次々と水分子が到達

すると，水分子どうしが結合し，固相，すなわち氷として堆積していく．こうなると再蒸発することはない．水分子の結合の場合には，結合種類はファンデルワールス結合（Van der Waals）である．堆積した固体の膜は方向性をもって成長し，しかもあまり密ではなく，ふわふわした状態である．したがって，透明ではなく白く見える．これは，大気圧においては，缶表面に到達する水分子のエネルギーが小さいためである．

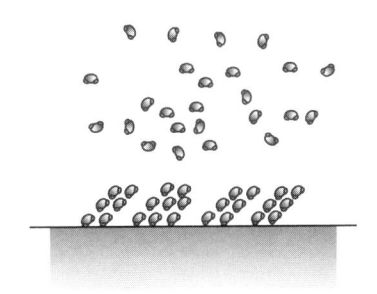

図 2.17　水蒸気と霜の成長の概念

　缶に氷点以上の温度の冷たい飲料が入れてある場合には，氷とはならずに水滴となる．これが露である．水滴の場合には分子が自由に動くことができるため，表面自由エネルギーを小さくするため，缶の表面に液滴を形成する．缶に入れてある飲料が温かい場合には，水の缶表面からの再蒸発速度が高くなるために水滴はつかず，缶表面はうっすらと水の層に覆われるだけである．薄膜作製においては，基板の温度はほとんどの場合，融点以下であり，したがって，液相の膜が基板表面を覆うことはほとんどない．
　ここで述べた霜や露の膜は，その厚みも大きく，形成速度も大きい．これは，主に水蒸気圧が高く，霜や露の原料である水蒸気が缶の表面にどんどん供給されると同時に，再度気相に戻る割合が低いためである．実際の薄膜作製においては，蒸気圧も低く，また求める薄膜の厚さも薄い．

(2)　粒子の表面滞在時間

　もう少しミクロに薄膜が堆積していくようすを考えるために，単純立方格子をもつ原子の堆積を考えてみる．仮に，この原子の凝集エネルギーを 347 kJ/mol とする．これは，金属原子の典型的な凝集エネルギーの値である．単純立方格子をもつ原子は周囲の原子と 6 本の腕で結合している．この腕 1 本あたりの結合エネルギーは約 0.60 eV となる．この原子の固体表面における結合のようすを，図 2.18 に示す．平坦な固体表面に，原子 1 個が吸着しているときの結合の腕の数は 1 本である．すなわち，結合エネルギーは 0.60 eV である．次に，この原子が表面上の壁の部分に移

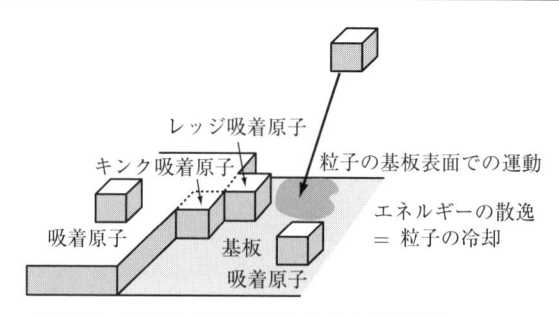

図 2.18 単純立方格子表面における薄膜堆積のモデル

動していき，結合したと考える．原子は壁と下地とに対して結合するので，腕の数は 2 本となり，結合エネルギーは 1.2 eV となる．同様に，キンクとよばれる角の位置に原子が結合したとすると，腕の数は 3 本，結合エネルギーは 1.8 eV となる．そして，表面に埋め込まれた原子の結合エネルギーは 3.0 eV，バルク位置にある原子の結合エネルギーは 3.6 eV となる．

表面における原子の滞在時間は，

$$\tau_a = \tau_0 \exp\left(\frac{W_a}{k_B T}\right) \tag{2.24}$$

で表される．ここで，τ_0 は定数として与えられる基準滞在時間，W_a は吸着（結合）エネルギー，k_B はボルツマン定数，T は温度である．それぞれの位置における滞在時間は，それぞれの結合エネルギーに対して式（2.24）より算出できる．すなわち，結合エネルギーが大きくなると，表面の滞在時間は指数関数的に大きくなっていく．そして，バルク位置にある原子が，最も滞在時間が長くなる．表 2.5 に，いろいろな結合状態における原子の表面滞在時間を示す．表面滞在時間は，結合エネルギーに対して指数関数的に大きくなるので，たとえば結合が 3 本になれば，1 本の場合に比べて滞在時間は 7 倍になる．そして，バルク位置では，表面吸着原子に比べて 148 倍

表 2.5 基板表面とのいろいろな結合状態における原子の表面滞在時間

結合の数	吸着位置	吸着エネルギー [eV]	温度が 300 K の場合の滞在時間 [s]	温度が 600 K の場合の滞在時間 [s]
1	表面	0.6	1.2×10^{-2}	1.1×10^{-7}
2	レッジ	1.2	1.4×10^{8}	1.2×10^{-2}
3	キンク	1.8	1.6×10^{18}	1.3×10^{3}
6	バルク	3.6	2.7×10^{48}	1.6×10^{18}

の滞在時間をもつことになる．壁の位置などに吸着しない場合にも，個々の原子が衝突して結合していくと，吸着エネルギーが大きくなる．このように，どんどん吸着エネルギーが大きくなり，再蒸発できない状態になっていくことが薄膜堆積である．

いまは，単純立方格子をもつ原子をモデルにして考えたが，面心立方格子など，ほかの結晶構造をもつ場合にも考え方は同じである．

(3) 粒子の表面拡散

滞在時間については明らかとなったが，個々の原子は表面のある位置にじっとしているわけではなく，次々とジャンプしながら安定な位置を渡り歩いている．これが表面拡散である．ここで，図 2.19 に示すような，一次元のポテンシャルを考えてみよう．ある谷間から，この山を乗り越えて隣りの谷間に移動するために必要なエネルギーを W_j とする．

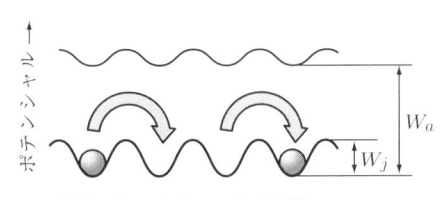

図 2.19 原子の一次元拡散のモデル

この表面から気相中に脱離するためのエネルギーが吸着エネルギー W_a であり，$W_a > W_j$ である．このことは，気相中に脱離するまでの間に谷間の間を何度かジャンプすることを意味する．ある谷間の位置に滞在する時間は，

$$\tau_j = \tau_0 \exp\left(\frac{W_j}{k_B T}\right) \tag{2.25}$$

と与えられる．W_a と W_j の差が大きければ大きいほど，表面に滞在している間に谷間をジャンプしていく回数が増える．そして，上述したように，原子はより安定な位置へ到達する．これは，W_a が大きく，W_j が小さいほど，原子がより安定な位置を見つけやすくなること，すなわち，より緻密な薄膜をつくりやすくなることを意味する．表面における拡散は，二次元の酔歩問題として定量的に扱うことができる．最も簡単なモデルでは，平面における拡散距離は次のように表される．

$$L_2 = \frac{1}{2} a \exp\left(\frac{W_a - W_j}{2 k_B T}\right) \tag{2.26}$$

ここで，L_2 は拡散距離，a は格子（原子サイト）間の距離である．a を 0.3 nm，W_a を 1 eV，W_j を 0.25 eV，$T = 573$ K とすると，拡散距離は 300 nm 程度と求められる．この距離を拡散しながら，基板あるいは薄膜表面の粒子は安定なサイトを見いだしていく．

このように，薄膜が固体として堆積していくこととは，表面に吸着している原子が次々とサイトを移動しながらより安定なサイトを占めていき，さらに，次々と原子が表面に降り注いでくることにより，個々の原子が最後にはバルク位置に取り込まれていくことである．

2.13 薄膜の成長機構（濡れと拡散）

薄膜の成長様式は，薄膜を形成していく粒子の基板上での拡散とその広がり方，いいかえれば濡れ性で決まる．粒子が基板上で十分に長い距離を拡散し，かつ粒子が基板を覆ったほうが安定であれば，結晶性で，かつ緻密な薄膜が得られる．逆に薄膜を形成する粒子が基板を覆うと不安定であり，かつ粒子が基板上を十分に拡散できない場合には，薄膜に疎な構造をもつようになる．一般に教科書的に説明されている薄膜成長機構は，多くの場合，基板上での粒子拡散が起こるという条件，すなわち，基板温度が十分に高い場合における議論である．しかし，工業的な薄膜堆積においては，基板温度が薄膜材料の融点に対して低いことが多く，粒子拡散距離が十分長くない状況での議論が必要である．これが，蒸着法やスパッタリング法を用いて薄膜堆積を行っていくうえで，一般的な薄膜成長機構の説明が納得できない理由である．

薄膜成長様式は薄膜材料と基板の濡れおよび粒子の基板上での拡散のしやすさによ

表2.6 薄膜材料と基板の濡れおよび薄膜材料の拡散と成長様式の関係

		薄膜材料粒子の基板上における拡散	
		拡散する（基板温度：高）	拡散しない（基板温度：低）
薄膜材料の基板に対する濡れ性	濡れる	成長様式： 層状成長 マクロ構造： なし ミクロ構造： 多結晶 　　　　　　単結晶	成長様式： 多核微小島状成長 マクロ構造： 繊維状／微粒構造 ミクロ構造： 無定形
	濡れない	成長様式： 島状成長 マクロ構造： 柱状 ミクロ構造： 多結晶 　　　　　　配向結晶	成長様式： 多核微粒島状成長 マクロ構造： 繊維状／柱状構造 ミクロ構造： 無定形

り，表2.6に示されるように四つに分類される．濡れとは，薄膜材料と基板材料の表面自由エネルギーの大きさにより決まる．薄膜の表面自由エネルギーが基板の表面自由エネルギーより小さければ，薄膜材料が基板表面を覆ったほうが熱力学的に安定であり，逆であれば，薄膜材料は基板からはじかれた状態になる．拡散距離は式（2.24）による表面滞在時間と式（2.25）による単一位置における滞在時間の関係より与えられ，一般に基板温度が高くなると長くなる．以下に，四つの分類にもとづき，薄膜成長機構を説明する．

(1) 薄膜材料が基板に濡れて，粒子が十分に拡散する場合

粒子は，基板上で拡散により最も安定な位置を見いだすことができ，さらに薄膜が基板表面を覆ったほうがより安定であるので，薄膜は層状に成長していく．粒子が安定な位置をとりながら成長していくので，結晶性となる．さらに，単結晶基板を用いた場合に，薄膜材料の結晶格子の大きさが基板の結晶格子の大きさと一致するというエピタキシャル条件を満たせば，薄膜は単結晶となる．粒構造あるいは柱状構造というようなマクロな構造はもたない．Frank-van der Merve様式とよばれる成長様式である．

(2) 薄膜材料が基板に濡れず，粒子が十分に拡散する場合

粒子は，基板上で拡散により最も安定な位置を見いだすことができるが，薄膜が基板表面を覆うと不安定になるので，薄膜は離散した小さな粒を基板上に形成しながら，島状に成長していく．粒子は十分に拡散できるので，核の数は少なく，かつ堆積した薄膜は結晶性である．薄膜材料の成長面の選択性が高い場合，すなわち表面の結晶面の配向によるエネルギー差が大きい場合には，ある結晶面が選択的に基板面に対して成長していく配向成長となる．ただし，拡散が三次元的になると配向の度合いは減少する．島状成長であるので，結晶粒界をもち，マクロには柱状構造を示す．Volmer-Weber様式とよばれる成長様式である．

(3) 薄膜材料が基板に濡れて，粒子が十分に拡散できない場合

粒子は，基板上で十分に拡散することができず，安定な位置に達することができない．基板に対して濡れるので，多くの微小核を形成しながら多核成長していく．長距離的な秩序構造は示さず，薄膜は無定形となる．マクロには，繊維状構造あるいは微小な粒状構造を示す．

(4) 薄膜材料が基板に濡れず，粒子が十分に拡散できない場合

粒子は，基板上で十分に拡散することができず，安定した位置に達することができない．さらに，基板に対して濡れないので，不安定な島を形成しながら，多核的に成長していく．薄膜材料が基板に濡れる場合に比較して，核は大きくなり，マクロには，すきまのある柱状構造を示す．粒子拡散が十分でないので，結晶構造をもってい

ても秩序性は高くないか，あるいは無定形である．

2.14　配向性多結晶薄膜と単結晶薄膜の成長

　島状構造をもつ核から成長した薄膜は多結晶薄膜である．このような多結晶薄膜において，基板に対して結晶のある面が優先的に成長することを配向成長という．これは，エネルギー的に最も安定な面が成長していくことで起こる．配向成長のようすを，図 2.20 に模式的に示す．たとえば，面心立方格子をもつ結晶の場合には，（１１１）面が最密面，すなわち，最も表面自由エネルギーが低い面となり，優先的に成長していく．基板温度が低い場合には，配向性多結晶薄膜が成長するが，基板温度が高くなるとランダムに配向した薄膜が堆積していく．これは，基板上での粒子拡散が二次元拡散から三次元拡散に移るためである．二次元成長では基板に平行な面が成長していくが，三次元成長では基板に平行でない面も成長していく．二次元拡散から三次元拡散に移る温度は，薄膜材料の融点の 7 割程度の温度とされている．

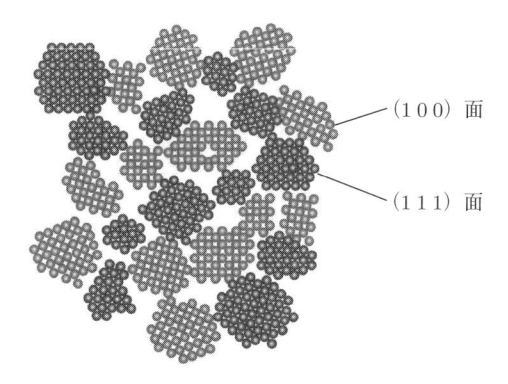

図 2.20　配向成長の模式図

　単結晶成長は，単結晶基板の上に，下地基板の結晶格子と同じ向きに原子が並びながら薄膜が成長していくことをいう．単結晶の成長は基本的には一層ごとに成長していくレイヤー・バイ・レイヤー（layer-by-layer）成長である．薄膜の成長様式でいうと Frank-van der Merve 様式であり，逆に，島状構造が形成された場合には，単結晶成長は起こらない．ただし，結晶成長初期に島状構造を形成していても，結晶の成長にともない欠陥や転移が減少していくことを利用した単結晶の成長方法も実用化されている．単結晶薄膜と配向性薄膜の違いは，基板面と垂直な方向の結晶面が揃っているかどうかにある．基板と同一材料を成長させることをホモエピタキシャルといい，基板と異なる材料を成長させることをヘテロエピタキシャルという．単結晶薄膜

の成長において大切なことは，いかに一次元的な線欠陥，すなわち転移や，原子空孔などの点欠陥を少なくするかということである．

2.15 基板に到達する粒子と基板あるいは薄膜との相互作用

　高いエネルギーをもった原子サイズの粒子が固体表面に入射すると，種々の現象が起こる．入射粒子の散乱，表面を構築する原子の移動，スパッタリング，入射粒子の注入，電子の放出，あるいは光子の放出などである．どのような現象が起こるかは，入射する粒子の質量，固体表面を構成する原子の質量，そして入射する原子のエネルギーにより異なってくる．

　図 2.21 に，エネルギーをもった粒子が固体表面に入射した際に起こる現象を示す．エネルギーが低い場合には，入射粒子は弾性衝突を起こし，固体表面で散乱される．弾性散乱を起こすエネルギー領域は，おおよそ数 10 eV 程度である．少しエネルギーを高くすると，表面での拡散を促進することになり，表面を構成する原子の再構築が起こる．それ以下のエネルギーでは，表面に弱く吸着した有機物や水分が除去される（表面クリーニング）．成長中の薄膜を構成する原子をうまく並べ替えると，密度の高い薄膜を形成することが可能になる．入射粒子のもつエネルギーが 10 eV 程度を超えると，表面に衝突した粒子は固体中に侵入し，同時に固体表面を占める原子が気相中にはじき飛ばされるようになる．この現象がスパッタリングである．スパッタリングが最も起こりやすいエネルギーの範囲は，数 keV 〜 10 keV くらいまでである．さらにエネルギーを大きくしていくと，粒子が固体深くに侵入し，取り込まれてしまう．すなわち，イオン注入が支配的となってくる．弾性散乱，吸着原子・分子の除去，表面の再構築，スパッタリング，あるいはイオン注入が起こるために必要なエネ

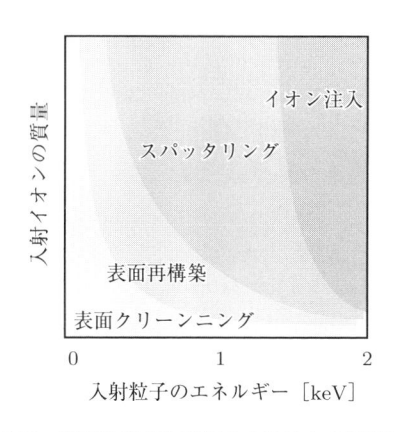

図 2.21　薄膜と基板に到達する粒子との相互作用

ルギーは厳密に決められるわけではなく，いくつかの現象が同時に起こることが必要である．

　基板あるいは薄膜表面に到達する粒子のエネルギーを積極的に利用することが，薄膜作製技術の一つの特徴である．スパッタリングや，イオンプレーティングとよばれる方法では，高いエネルギーをもつ粒子が基板に到達し，薄膜を形成していくので，基板の温度が低い場合でも密度が高い薄膜を形成することができる．このようなプロセスにおいては，基板に到達する粒子の温度が基板の温度に比べてはるかに高い．これは，非平衡プロセスとよばれる．

第3章 真空蒸着法

真空下における薄膜作製方法には，真空蒸着法，スパッタリング法，化学気相成長（CVD）法などがある．本章から第5章まで，各方法について一章ずつ述べる．本章で述べる真空蒸着法は，薄膜とする材料を真空中で加熱，蒸発させ，蒸気となった材料を基板上で凝縮し，薄膜として堆積させる方法である．蒸着法の理解は，真空を用いる薄膜作製技術の理解の基本となる．本章においては，真空蒸着法について，その原理，装置，さらにはプラズマやイオンの助けにより薄膜の構造を制御する方法について述べる．

3.1 真空蒸着法とは

真空蒸着法は，薄膜とする材料を真空中で加熱，蒸発させ，蒸気となった材料を基板上で再度固体とし，薄膜として堆積する方法である．真空蒸着法は，真空を用いる薄膜作製技術において最も簡単な方法の一つである．その模式図を，図3.1に示す．蒸着法は，蒸発，蒸発物質の基板への移動（輸送），そして，基板上での凝縮というプロセスからなる．

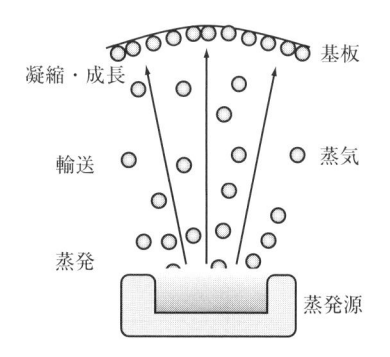

図3.1 真空蒸着法の模式図

真空蒸着法を理解するためには，まず蒸気という概念と，物質の蒸気圧をよく理解しておかなければならない．われわれは蒸気というと水蒸気を思い起こす．窒素ガスは窒素蒸気とはいわないが，もちろん窒素の蒸気である．AlやTiなどの金属の蒸気も存在するが，常温においてはその蒸気圧は低く，温度を上げても，これらの蒸気の圧力はわずか$10^{-3} \sim 10^{-1}$Pa程度である．このように，蒸気圧の高くないAlやTiの蒸気をうまく薄膜作製に利用しようとすると，妨げとなる空気を取り除いておかなければならない．空気を取り除いた状態をつくりだし，薄膜とする物質を高温としてそ

の蒸気の圧力を高め，蒸気から薄膜を堆積させる．これが真空蒸着法である．

真空蒸着法において，薄膜とする物質を蒸気にする部分を蒸発源という．真空蒸着法は，蒸発源の加熱方法により，抵抗加熱蒸着法，電子ビーム蒸着法，高周波誘導加熱蒸着法，ホローカソード蒸着法などがある（3.4節参照）．クヌードセンセルとい

表3.1　各種真空蒸着法の長所と短所

方　法	長　所	短　所
抵抗加熱蒸着法（3.4.1項参照）	・蒸発源のしくみが簡単である．	・高融点金属，酸化物，あるいは窒化物などを蒸発させることが困難である． ・蒸着速度の制御が困難である． ・蒸発源を大きくできない． ・蒸発源の材料である金属が不純物として薄膜に混入する． ・蒸発物質のエネルギーが小さいため，あるいは蒸発物質をイオン化することができないため，膜質を向上させることが困難である．
電子ビーム蒸着法（3.4.2項参照）	・高融点金属，酸化物，あるいは窒化物などを蒸発させることができる． ・蒸着速度の制御が，膜厚モニターを用いたフィードバックにより可能である． ・多元の蒸発源を用いることにより，多層薄膜が形成できる．	・蒸発源を大きくできず，連続蒸着には，複数の蒸発源を用いるか蒸着材料の連続供給装置を設置する必要がある． ・電子ビーム蒸着源単独では，蒸発物質のイオン化率は低く，膜質を向上させることが困難である． ・装置コストが高くなる．
高周波誘導加熱蒸着法（3.4.3項参照）	・蒸発源を大きくすることができるとともに，大電力の投入が可能であるために，とくに低融点金属において高い蒸発速度が得られる． ・蒸発源を複数個並べることにより，蒸発源の大面積化が可能である． ・蒸発源の構造は比較的に簡単であり，コストの抑制が可能である． ・誘導加熱なので，加熱効率が高い．	・高融点金属，酸化物，あるいは窒化物などを蒸発させることができない． ・蒸発速度の精密な制御が困難である． ・膜厚分布の精密な制御が困難である．
ホローカソード蒸着法（3.4.4項参照）	・高融点金属，酸化物，あるいは窒化物などを蒸発させることができる． ・大電流電子ビームの形成が可能なために，高速な蒸着物質の蒸発が可能である． ・蒸発物質は，大電流電子ビームが形成したプラズマを通過するためにイオン化され，膜質が改善できる．	・装置コストが高くなる． ・ホローカソードの設置場所に制限があり，チャンバーの大型化が困難である． ・蒸発速度の制御が困難である． ・フィラメントの寿命が短く，長時間の安定した電子ビーム形成が困難である．

う特殊な蒸発源を使う分子線成長法も蒸着法に入るが，エピタキシャル膜という単結晶薄膜を得るための特殊な方法である．また，アーク放電を蒸発源として利用するアークイオンプレーティングも真空蒸着法の一種として本書では扱う．各種真空蒸着法の長所と短所とを表3.1にまとめた．

堆積する薄膜の構造を制御したり，蒸発物質の反応性を高め，低い基板温度あるいは基材温度において化合物薄膜を形成したりするために，イオンの助けを借りる方法がある．イオンプレーティング法やイオンアシスト蒸着法である（3.6節参照）．

抵抗加熱蒸着法や電子ビーム蒸着法は，パッケージング用アルミニウム薄膜，光学薄膜，あるいは磁気テープなどの作製法として広く用いられている．また，イオンプレーティング法は窒化物や炭化物などの化合物薄膜の作製に，イオンアシスト蒸着法は高い機能をもつ光学薄膜の作製などに用いられている．

3.2　真空蒸着法の基礎

一般に，真空蒸発法においては，10^{-2} Pa程度の圧力のもとで，蒸発物質の蒸気圧がおおよそ1 Pa程度となるように蒸発物質を加熱蒸発させる．この蒸気圧を得るために必要な温度は，Alで1200℃，銀Agで1000℃，金Auで1400℃程度である．種々の材料において所定の蒸気圧が得られる温度を，表3.2に示す[1]．蒸気圧が低いと薄膜の堆積速度が遅くなり，また，蒸気圧が高すぎると薄膜堆積速度が速すぎて薄膜の質が悪くなる．

真空蒸着において，蒸発源からの分子束の大きさは，次の式で表される（式(2.17)参照）．

$$\varGamma = \alpha \frac{P}{\sqrt{2\pi m k_B T}} \tag{3.1}$$

ここで，α は凝縮係数とよばれる値であり，P は蒸気圧，m は蒸発物質の質量，T は温度，k_B はボルツマン定数である．蒸発面に達した粒子のすべてが凝縮すれば α は1となる．蒸発源は，ある温度で平衡状態にあると仮定すると，蒸発源に対して凝縮したと同様の大きさの分子束が蒸発していなければならない．凝縮分子束の大きさが式(3.1)で表され，これと同じ大きさの分子束が蒸発しているという仮定より，蒸発分子束の大きさを得る．この考え方にもとづいて式(3.1)を書き換えると，

$$W = \alpha \times 2.63 \times 10^{20} \frac{P}{\sqrt{MT}} \quad [\text{個}/(\text{cm}^2 \cdot \text{s})] \tag{3.2}$$

となり，蒸発分子束が与えられる．M は蒸発物質の原子量あるいは分子量である．

表3.2 種々の材料において所定の蒸気圧が得られる温度

材料	下記の蒸気圧を得られる温度 [K]		
	1.3×10^{-2} Pa	1.3 Pa	1.3×10^{2} Pa
Ag	1100	1300	1600
Al	1265	1495	1845
Au	1425	1685	2060
Cd	450	540	665
Cu	1290	1530	1890
Mg	590	700	870
Mo	2370	2780	−
Sn	1270	1510	1885
Ti	1710	2000	2440
W	3020	−	−

[注] CRC Press Handbook of Chemistry and Physics 4-136-4-137 より算出

　蒸発源から蒸発した蒸発物質は，気相中を基板に向かって飛んでいく．蒸着に用いられる一般的な$10^{-3} \sim 10^{-2}$ Paの圧力においては，平均自由行程（2.5節参照）は数m以上と見積もることができる．蒸発物質は，真空チャンバー中に残留した気体にほとんどぶつかることなく基板に到達する．したがって，蒸発分子束は途中で散乱されることなく基板に到達すると考えてよい．この前提のもとに，蒸発源を微小な面積A_eとし，蒸発源と基板の位置関係を，図3.2のように仮定すると，薄膜の堆積速度W_dと蒸発分子束の関係は，次の式で表される．

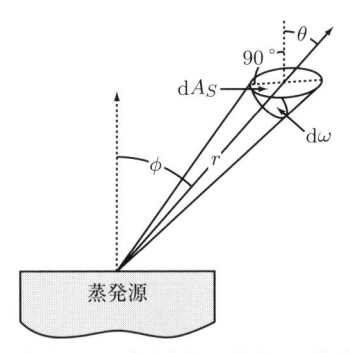

微小な領域からの蒸発束をWとする．蒸発面積をA_eとおくと，全蒸発束は$W_e = WA_e$となる．

図3.2　真空蒸着法における薄膜堆積速度の計算モデル

$$W_d = \frac{W A_e}{\pi r^2} \cos \phi \cos \theta \tag{3.3}$$

ここで，A_e は蒸発源の面積，r は蒸発源と基板との間の距離，$\cos \phi, \cos \theta$ はそれぞれ図に示したように，基板と蒸発面法線のなす角，および基板の蒸発面に対する傾きである．式 (3.3) は，膜厚分布などを見積もる際に有用な式である．

式 (3.2) と式 (3.3) とを用いて，Al の蒸発速度と薄膜堆積速度を見積もってみる．蒸着物質の温度は蒸発源の温度とほぼ等しいと仮定すると，たとえば 1 Pa の蒸気圧をもつ Al の蒸気の分子束の大きさは 10^{18} 個/(cm$^2 \cdot$s) 程度となる．この分子束の大きさをもつ Al が，蒸発面の面積が 1 cm^2 で蒸発源から 20 cm 離れた基板上に堆積すると仮定すると，基板面に達する分子束の大きさは蒸発分子束の 1000 分の 1 程度，すなわち 1.1×10^{15} 個/(cm$^2 \cdot$s) 程度となる．分子束 W_d（式 (3.3)）から求めた入射原子の個数と薄膜堆積速度 R_D の関係は，

$$R_D = \frac{M W_d}{\rho N_A} \tag{3.4}$$

となる．ここで，M は g を単位として表したモルあたりの蒸発物質の質量，ρ は g/cm^3 を単位として表した密度，N_A はアボガドロ定数である．この式 (3.4) より，Al の堆積速度は，1.9×10^{-8} cm/s，すなわち 0.19 nm/s となる．

蒸着において，チャンバー中に残留する気体は不純物として蒸着膜に取り込まれる．残留気体の圧力を 10^{-4} Pa と仮定すると，分子束の大きさは 10^{14} 個/(cm$^2 \cdot$s) 程度となる．基板に到達する残留気体の 10 分の 1 が蒸着膜に取り込まれると仮定しても，たとえば，上記の Al 薄膜の例の場合，不純物濃度は 1% 程度となる．貴金属薄膜では，不純物気体の付着確率が低いため，不純物濃度は比較的低いが，Al や Ti 膜などのように不純物ガスである H_2O や O_2 の付着確率が高いと，不純物濃度が高くなる．不純物濃度を低く抑えたい場合には，低い残留気体の分圧のもとで蒸着を行う必要がある．

3.3 真空蒸着装置の概要

真空蒸着装置の基本的な構造を図 3.3 に，外観の一例を図 3.4 に示す．これは，バッチ式とよばれる小型の真空蒸着装置である．チャンバーとよばれる真空容器内（図 3.4 では架台の上に乗っている部分）に，薄膜とする物質を蒸発させる蒸発源，基板を置く基板ホルダー，基板加熱のためのヒーターなどが設置されている．さらに，必要に応じて薄膜堆積速度のモニター装置などが設置される．蒸発源の加熱に用いられる電力は，電流導入端子を通じて供給される．また，蒸発源や基板ホルダーな

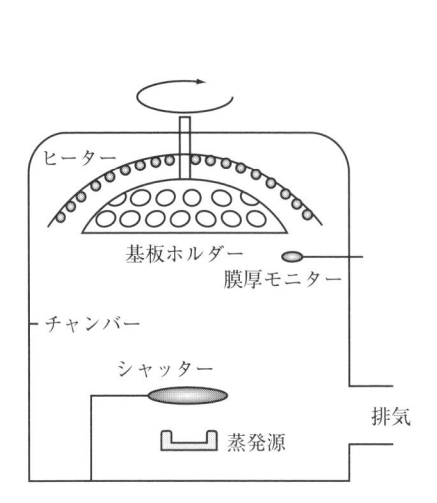

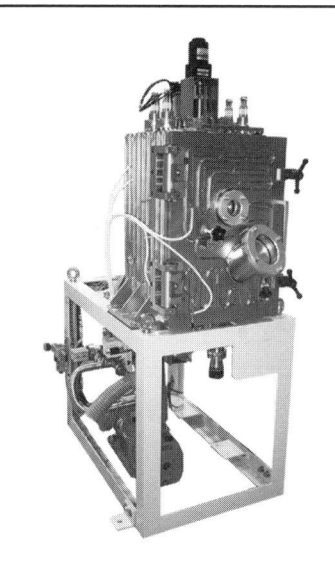

図3.3　バッチ式真空蒸着装置の基本的な構造　　図3.4　バッチ式真空蒸着装置の外観の一例
（株式会社アルバック技術資料より）

どを冷却する必要がある場合には，冷却水も導入端子を通じて導入される．真空システムはそれぞれの要求仕様に応じて選択される．高真空ポンプとしては油拡散ポンプやターボ分子ポンプが用いられ，低真空ポンプとしてはロータリーポンプ，あるいはメカニカルブースターポンプとロータリーポンプの組合せが用いられることが多い．

(1) 蒸発源

　蒸発源は，蒸着装置において最も大切な部分である．抵抗加熱蒸発源，電子ビーム蒸発源，高周波加熱蒸発源，あるいはホローカソード蒸発源などが使われる．アーク蒸発源は，アーク放電を利用する方式で，ほかの蒸発源とは少しその方式が異なる．蒸発源は，装置の目的に応じて最適な形式のものが選択される．一般には，蒸発源と基板の間に，蒸発源から蒸発した物質の基板表面への到達を制御するために，シャッターが設置される．膜厚の制御が必要でない場合には，シャッターを用いないこともある．光学薄膜のように，精度の高い膜厚制御が求められる場合には，シャッターの開閉の方式や時間的な精度などが，必要とされる動きの速さや精度を満たす必要がある．

(2) 基板ホルダー

　基板ホルダーは，その名のとおり基板を保持する部分である．生産機においては，基板ホルダーのできの良し悪しがメンテナンス性などに大きく影響する．基板ホルダーの形は，薄膜を堆積する基板の形により，いくつかの形式がある．レンズ上への光学薄膜の作製などには，複数の基板を球面に配置してこれを遊星回転するプラネタ

リー形式の基板ホルダーが使われる．通常は，蒸発源の上に設置され，ホルダーを公転させ，膜質および膜厚分布の均一性の向上をはかる．さらに，基板内での膜質および膜厚の均一性を向上する必要がある場合には，基板の自転機構を加える．

プラスチックフィルムへの成膜装置の場合には，ロール送り形式のホルダーが使われる．このロール送り形式の成膜装置は，ロールコーターあるいはウェブコーターなどとよばれる．図3.5に，ロール送り形式の基材フィルムホルダーをもつ装置の概要を示す．また，図3.6に，その外観写真を示す．大きなものではロール幅が3 m，巻き取られているフィルムの長さが数 km にもなる．コンデンサ用などの金属薄膜の作製においては，フィルムの送り速度が1000 m/minにも達する．ロールコーターにおいては，フィルムの送り機構は装置の良し悪しを決める最大のポイントである．

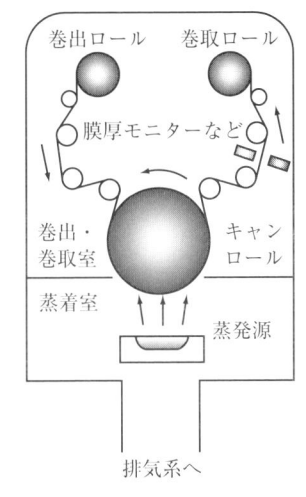

図3.5　フィルムコーティング用真空蒸着装置（ロールコーター）の基本的な構造

図3.6　フィルムコーティング用真空蒸着装置（ロールコーター）の外観写真（株式会社アルバック技術資料より）

工具への硬質膜コーティングや，反射板の内面へ光学薄膜をコーティングするような特殊な場合は，それぞれの用途にあった基材のホルダーが使われる．

（3）　基板の加熱・冷却機構

基板あるいは基材の加熱が必要な場合には，基板あるいは基材ホルダーの背面にヒーターを設置して加熱を行う．ヒーターとしては，ランプヒーターあるいはシースヒーターを使うことが多い．ウェブコーターにおいては，逆に，基材のプラスチックフィルムを冷却する場合もある．高速成膜を行うために蒸発源の温度を高くすると，熱容量の小さなフィルム基材の温度が輻射熱により上がる．基材として用いられているフィルムの厚さは数$10\,\mu m$程度と非常に薄い場合が多く，熱により容易にダメージ

を受ける．この温度上昇によるダメージを防ぐために，キャンロールとよばれるフィルムの送りロールを冷却する．真空中では，基板の温度を正確に測定することが困難である場合が多い．とくに基板が公転しているなどの理由で温度モニターを基板に直接設置することができない場合には，直接基板の温度を測定することはできない．この場合には，ダミー基板を設置して，その温度を測定する．赤外線温度計を用いることもできるが，基板材料の正確な輻射率の設定ができない場合，あるいは薄膜が堆積するために輻射率が変わる場合には，正確な温度を得ることは難しい．生産機のような大型の装置において，真空中で基材の温度を高くする，あるいはその温度を基材内の均一性をも考慮して正確に制御することは困難である場合が多い．生産プロセスを設計する場合には，基材の温度をどのくらいに設計するかは最も基本的でありかつ難しい問題である．

（4） バッチ式とロードロック式

　基板や蒸発物質の充填には，チャンバーを開放して大気圧にする必要がある．蒸着室の前面が扉になっており，基材の交換時には必ず蒸着室を大気圧に戻す形式が基本である．この型式をバッチ式といい，図3.3に示したものは，バッチ式蒸着装置である．一方，蒸着室とするチャンバーに，基材を大気圧から真空にもち込むため，または，逆に真空から大気へと戻すための部屋を取り付けた形式の装置もある．これは，ロードロック式とよばれ，蒸着室を大気圧に戻すことなく基材の入れ替えができる．図3.7にロードロック式真空蒸着装置の代表的な構造を，図3.8に装置の外観の一例を示す．薄膜作製室の真空引きおよび大気開放に要する時間をなくすことにより，生産のサイクルを短くすることができるが，蒸着室と前後の部屋の間にバルブをつける必要があったり，基板ホルダーの搬送系が必要であったり，前後室それぞれに排気装置が必要となるなど，装置のコストはバッチ式に比べてかなり高くなる．また，蒸発物質の充填や蒸着室内のクリーニングが頻繁に必要となる場合は，ロードロック式に

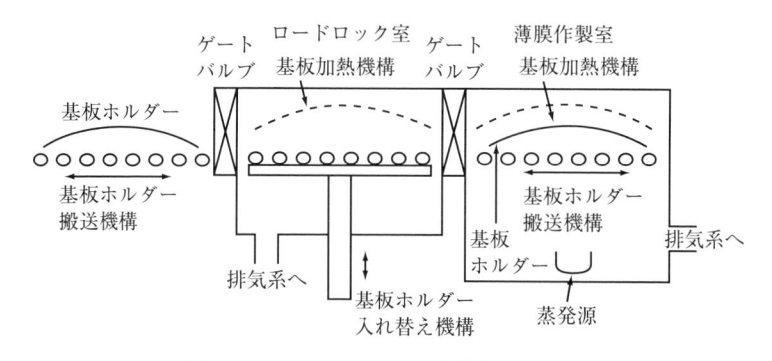

図3.7　ロードロック式真空蒸着装置の模式図

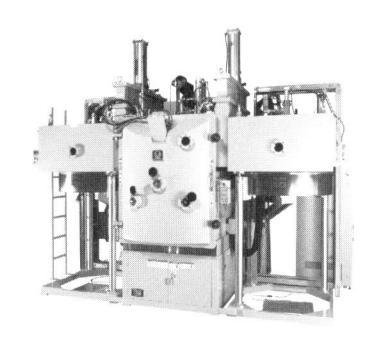

株式会社シンクロン CES-3

図 3.8　インライン式真空蒸着装置の外観写真（株式会社シンクロン技術資料より）

よる連続運転のメリットが生かされないことがある．このため，基材の形や生産量などに応じて，基本的な形式を選択する必要がある．

3.4　いろいろな蒸発法

真空蒸着法には，蒸発物質の種類や用途に応じてさまざまな蒸発源が使われる．膜堆積速度の安定性や制御性は，蒸発源の形式やしくみによるところが大きく，また，蒸発源の種類によりコストも大きく異なり，生産機においては，生産コストを大きく左右する要因となる．以下に各種の蒸発源について述べる．

3.4.1　抵抗加熱蒸発法

抵抗加熱蒸発法は，ジュール熱を使って薄膜とする物質を蒸発させる方法である．簡単な電源があれば蒸着物質を蒸発させることができる．

抵抗加熱蒸発法では，薄膜とする蒸発物質を蒸発させる方法が二つある．一つは，蒸発物質を高融点材料でできた加熱用のヒーターも兼ねた容器に入れておき，容器を加熱することにより，蒸発物質を蒸発させる方法である．もう一つは，るつぼに蒸発物質を入れておき，ヒーターを用いてこのるつぼを加熱することにより，蒸発物質を蒸発させる方法である．直接加熱を行う場合には，通常，ボートとよばれる凹みのある皿状の蒸発源，あるいはヒーターをらせん状に巻いたものなどが使われる．このボートやらせん状のワイヤーの材料には，タングステン W やタンタル Ta などの高融点金属材料を用いる．るつぼの材料には，石英 SiO_2 などの酸化物あるいはカーボン C が用いられる．ヒーターには W などの高融点材料が用いられる．各種の抵抗加熱式蒸発源を，図 3.9 に示す．

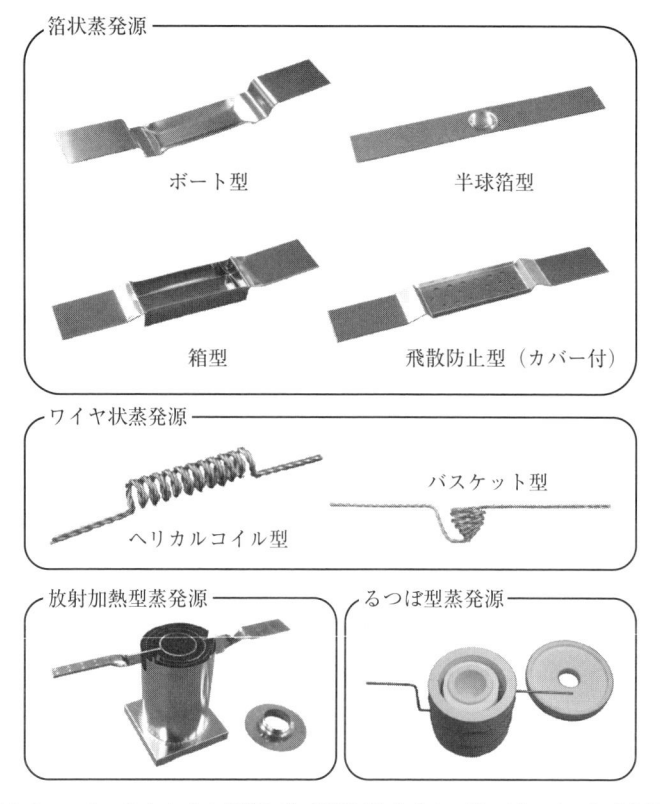

図3.9 いろいろな方式の抵抗加熱式蒸発源（プランゼージャパン株式会社）

　蒸発物質と蒸発源材質を選択する場合には，種々の条件を考慮する必要がある．安定した蒸着速度を得るためには，蒸発物質が蒸発源材料に対して濡れることが必要である．濡れなくとも蒸発は起こるが，加熱の均一性の低さや蒸発物質表面における酸化物の形成により蒸発が不安定となる．金属ボートを用いる場合には，蒸発物質と金属ボートが反応し，合金を形成することがあり，タングステンシリサイド WSi の形成などがその例である．合金を形成すると，高融点ボート材料の蒸発が促進され，不純物として薄膜中に取り込まれたり，あるいはボートの耐熱性が低下したりするなどの問題が発生する．これらの問題を避けるために，高融点金属にアルミナなどを被覆したボートやワイヤを蒸発源として用いることもある．主な蒸発物質と蒸発源材質の組合せを，表3.3に示す．また，蒸発原材料として用いられる高融点金属の融点を，表3.4にまとめる．

　蒸発物質を加熱するための電源としては，トランスを介して商用周波数の交流電源を用いればよい．抵抗加熱蒸発源は，電力の導入部などの構造も簡単である．ほかの

表3.3 蒸着物質と蒸発源の組合せ

蒸発物質	1.3 Paの蒸気圧を得るために必要な温度 [K]	蒸発源材料			備　考（各蒸発物質の特徴）
		ワイヤ	ボート	るつぼ	
Ag	1300	W, Mo, Ta	Mo, Ta	Mo, C	蒸発容易
Al	1495	W	Al_2O_3, BN	C, BN	Wと合金形成，濡れやすい
Au	1685	W, Mo	W, Mo	Mo, C	W, Ta, およびMoと反応
Cd	536	W, Mo, Ta	W, Mo, Ta	Al_2O_3, SiO_2	
Cu	1530	W, Mo, Ta	W, Ta	Mo, C	蒸発容易
Mg	702	W, Mo, Ta	W, Mo, Ta	Mo, C, Al_2O_3	昇華性，蒸発速度が速い
Sn	1510	W, Ta	Mo, Ta	C, Al_2O_3	Moと濡れる
Ti	2000	W, Ta	W, Ta	C, ThO_2	蒸発速度が遅い

表3.4 各蒸発源材料の融点

	材　料					
	Al_2O_3	SiO_2	C	W	Ta	Mo
融点 [K]	2327	1995	4762	3695	3290	2896

蒸着法に比べて蒸発源および電源のコストは小さい．

　ボートを用いる場合には，ボート内に蓄えることのできる蒸発物質の量に限りがある．プラスチックフィルムなどに連続的に薄膜を堆積する場合には，予備的に蒸発物質を蓄えておく容器から，連続的にこれをボートに供給する機構を用いる．蒸発速度の安定性は損なわれるが，この機構により連続生産が可能となる．

　抵抗加熱法においては，蒸発した物質のもつエネルギーは蒸発時の熱エネルギーにほぼ等しく，通常，その温度は1000～1500 K程度である．したがって，基板上での拡散が起こりにくく，密で付着力にすぐれる薄膜を得ようとすると，基板加熱が必要となる．種々の活性化方法を組み合わせることにより，蒸発粒子のエネルギーを大きくするための工夫がなされている．これについては，3.6節において述べる．

　抵抗加熱法は簡単な方法であるが，
① 膜堆積速度の制御が困難である，
② 得られる膜の構造の制御も困難である，
③ 蒸発源材料が不純物として薄膜中に混入する，
④ 化合物や高融点金属を蒸発物質とする蒸着が困難である，
などの欠点をもつ．

3.4.2 電子ビーム蒸発法

電子ビーム蒸発法とは，加速された電子ビームを蒸発物質に照射して加熱，気化し，これを基板上に堆積させる方法である．蒸発源に用いられる電子ビーム蒸発源の模式図を図 3.10 に，代表的な電子ビーム蒸発源の写真を図 3.11 に示す．

電子ビーム蒸発源は，電子ビームを発生させるフィラメント部，ビームを偏向させる磁石，蒸発物質を入れておくるつぼからなる．電子は，W 製の熱フィラメントを加熱することにより発生する．これを引き出し電極でビームとして引き出し，さらに，電磁場で偏向し，るつぼ部分に照射する．W フィラメントには，通常，数 10 A 程度の電流を流す．この W フィラメントには，数 kV ～ 10 kV 程度の負の電圧が印加されている．るつぼ側は接地されていて，フィラメントとるつぼの電位差により，電子ビームによる電流が流れる．電子ビーム電流の大きさは蒸発源の大きさに依存するが，数 100 mA ～ 1 A 程度である．

通常，電子ビームの偏向角は 180 ～ 270° であるが，電子ビームを偏向しない形式の電子銃もある．構造は，電子ビームを偏向するものに比べて簡単であるが，蒸発したフィラメント材料が不純物として薄膜に取り込まれ，あるいは蒸発源から放出される電子により基板がダメージを受けるなどの問題がある．この形の電子ビーム源は，

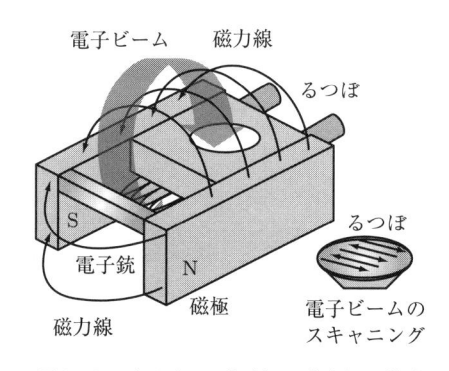

図 3.10　電子ビーム蒸発源の基本的な構造

日本電子株式会社 EBG-102U　　日本電子株式会社 BS-60030

図 3.11　電子ビーム蒸着源の外観写真（日本電子株式会社技術資料より）

3.4 いろいろな蒸発法

コストを抑えた単純な構造の蒸発源を求められる包装用のプラスチックフィルムなどの成膜や，フィラメント物質による汚染が問題にならない場合などに用いられる．

電子ビーム蒸発法においては，蒸発物質に対して高エネルギーの電子ビームを照射し，これを直接加熱して蒸発させるため，高融点金属や酸化物などの蒸発が可能である．抵抗加熱方式では，蒸発させるのが困難であった W, Ta, SiO_2, あるいは酸化インジウム In_2O_3 などの蒸発に用いられる．

蒸発物質は，銅製のるつぼに入れる．通常は，蒸発物質とるつぼが直接接しないようにハースライナーとよばれる肉厚の薄い容器を，さらに二重に使う．ハースライナーの材質は，高融点金属，アルミナ，あるいはグラファイトなどである．化合物を蒸発物質とする場合には，高融点金属製のハースライナーを用い，金属材料を蒸発物質とする場合には，アルミナやグラファイト製のハースライナーを用いる．

抵抗加熱法と同様に，連続生産あるいは多層薄膜の堆積に対応するために，蒸発物質を連続的に供給する機構を備えることがある．るつぼを環状の溝として，このるつぼを回転させながら，電子ビームによる蒸発が行われる部分と反対の部分において蒸発物質を供給する機構となることが多い．また，連続供給の機構を備えずに，るつぼの容積を大きくし，また，その数を増やすことで真空チャンバー内に蓄積できる蒸発物質の量を多くし，連続生産あるいは多層構造薄膜の堆積を可能にさせる方法がとられることも多い．

電子ビーム蒸着法は，装置価格は高くなるが，比較的安定かつ高速に蒸発物質を蒸発させることができる方法である．しかし，いくつかの問題点もある．まず，蒸発速度の安定性の問題がある．蒸着物質は，真空中において電子ビームにより，局所的に高温に加熱される．電子ビームを走査して均一に蒸発物質が溶けるように工夫するが，それでもなお溶け方が均一でない場合には，蒸着速度が変化する．また，蒸発物質が気体を含んでいると突沸が起こったりする．その場合，いったん，蒸発物質を溶かしてガス抜きを行うことなどにより安定化できる．また，酸化物を蒸発物質として使う場合には，より安定して蒸気圧を得られる不定比なあるいは低次な酸化物材料を使うことも多い．組成や密度が均一な蒸発物質を準備することが大切である．冷却の制御の難しさも電子ビーム蒸発法における制御が難しくなる一因である．電子ビーム蒸発法においては，ビームが照射されている部分は温度が1000°C以上と非常に高くなり，逆に，水冷されたるつぼに接する部分は温度が低くなっている．この間の温度勾配は急であり，電子ビーム照射により与えられた多くのエネルギーがるつぼ周囲へと流れる．とくに，蒸発物質が金属材料で熱伝導性がよい場合には，電子ビームがあたっていない部分は冷却されて固体となる．るつぼ内を均一に加熱したい場合には，冷却をしすぎないことも必要である．熱の流れをうまく制御することにより，蒸発の

安定性が得られる．逆に，あまりに過大なエネルギーがるつぼの周囲に流れると，蒸発が不安定になる．蒸発速度の制御技術は，各社のノウハウとなっていることが多い．

3.4.3 高周波誘導加熱蒸発法

　高周波誘導加熱蒸発法は，酸化物るつぼの周囲に高周波コイルを巻き，このコイルに印加された高周波電力による電磁誘導により，るつぼ中の材料を加熱，蒸発させる方法である．高周波誘導加熱蒸発法は，蒸発源の加熱以外にも，真空溶解炉など工業的に広く使われている方法である．高周波誘導加熱蒸発源の模式図を，図 3.12 に示す．現在では電源も小型化され，取り扱いや制御性もよくなっている．るつぼの容量を大きくできるので，Al などの金属を高速で連続蒸着する装置の蒸発源などに多く使われている．

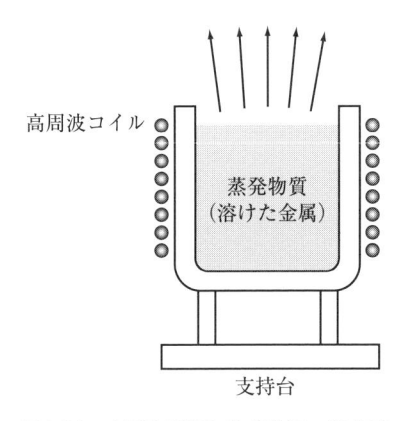

図 3.12　高周波誘導加熱蒸発源の模式図

3.4.4 ホローカソード蒸発法

　ホローカソードは中空陰極ともよばれ，中空の金属の円筒のなかに Ar などの不活性気体を導入し，電極に高周波電力を印加することによりグロー放電を発生させる方法である．このホローカソード源から引き出した電子ビームを，電子源に対して正電位にあるるつぼに入れた蒸発物質に照射し，蒸発物質を加熱，蒸発させる方法が，ホローカソード蒸発法である．ホローカソード式蒸着装置の模式図を，図 3.13 に示す．陰極材料としては，Ta などの高融点金属が使われる．ホローカソード放電における電子の発生効率は高く，電子密度は通常のグロー放電より数桁大きくなる．したがって，ホローカソードから引き出される電流も数 A～数 10 A と大電流となる．大きな

ビーム電流を得られるために，高速な蒸発物質の蒸発が可能となる．また，大電流ビームにより，蒸発物質のイオン化が促進され，良質の薄膜が得られるという特徴がある．

ホローカソード放電においては，高温のフィラメントが不要であり，電極構成が単純であるという利点がある．高い反応性と膜堆積速度を必要とし，窒化物および炭化物などの作製法であるイオンプレーティング法の蒸発源として広く使われている．

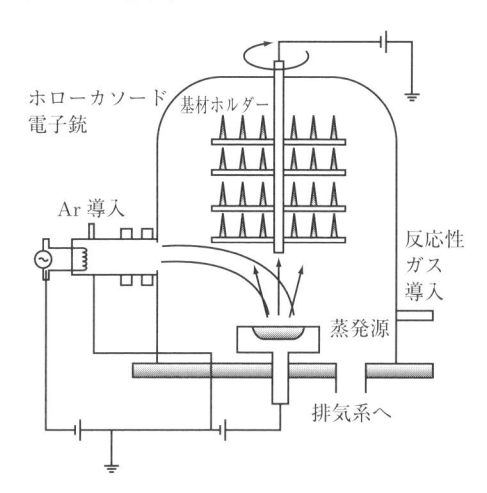

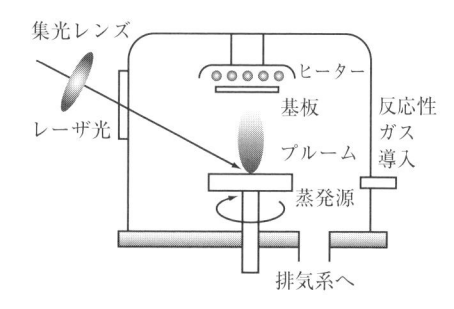

図 3.13 ホローカソード式蒸着装置の模式図 **図 3.14** レーザアブレーション装置の模式図

3.4.5 レーザビーム蒸発法

レーザビーム蒸発法は，蒸発物質にレーザを照射し，このエネルギーにより，蒸発物質を蒸発させる方法である．光子エネルギーが小さい，赤外線レーザを用いた場合には，熱的な蒸発となる．光子エネルギーが大きい，紫外線レーザを用いた場合には，レーザが照射されたターゲット物質の瞬間的な蒸発が起こる．前者をレーザ蒸着とよび，後者の瞬間的な蒸発方法をレーザアブレーションとよぶ．図 3.14 に，レーザアブレーション装置の模式図を示す．

レーザビーム蒸発源では，真空チャンバー外部にレーザを設置し，レーザ光を光学系により真空チャンバー内に導入し，蒸発物質に照射する．真空チャンバー内には，蒸発物質と基板を設置するだけでよい．必要に応じて，蒸発物質を回転させる機構を設置する．一般には，真空チャンバー内の蒸発源の構造は単純なものとなる．また，蒸発物質をレーザにより直接加熱するため，不純物の発生が少ない．

赤外線レーザビーム源としては，CO_2 レーザなどが用いられる．紫外線レーザビーム源としては，フッ化アルゴン ArF あるいはフッ化クリプトン KrF などのエキシマ

レーザが用いられる．レーザアブレーションにおいては，ターゲット表面を局所的かつ瞬間的に加熱する必要があり，数 J/cm^2 程度のエネルギー密度をもつレーザビーム源が用いられる．

レーザビーム蒸発法を用いる主な利点は，レーザアブレーションにおける瞬間的な蒸発現象である．瞬間的な蒸発であるため，蒸発した気体の組成がターゲット物質の組成とほぼ同様となる．熱的な蒸発では，通常の蒸発と同様に，気体組成はそれぞれの物質の蒸気圧に依存する．レーザ蒸着法においては，蒸発した気体は熱蒸発と同様に蒸気として拡散していき，薄膜として堆積するが，レーザアブレーションにおいては，蒸発した蒸気粒子は柱状に放出される．この柱状になった部分はプルームとよばれる．このプルームを構成する気体粒子が基板に到達し，薄膜として堆積される．

レーザビーム蒸発法は，蒸発物質組成と同組成の気体蒸気を得られる．すなわち，高純度の薄膜を組成ずれなく堆積できるという大きな特徴をもつが，レーザのコストが高くつき，大面積基板への蒸発源として適さないなどの短所もある．レーザアブレーションは，組成ずれが起こらないという特徴をいかして，研究室規模での酸化物などの化合物薄膜の堆積に多用されている．

3.4.6 アーク蒸発法

アーク蒸発源は，これまでに述べてきた蒸発源とは大きく異なる蒸発源である．蒸発物質を陰極としてアーク放電を発生させ，このアーク放電により発生するジュール熱により，陰極物質を蒸発させる方法である．図 3.15 に，アーク蒸発法の概念を示す．アーク放電は低電圧，大電流の放電であり，大気中において溶接に用いられる放電方式である．たとえば，パンタグラフなどの電気的接点においても，よく見られる放電である．真空中におけるアーク蒸発法においては，陰極には数 10 V の負の電圧を印加し，放電により数 A ～数 10 A の電流を流す．急激に，かつ集中的にターゲッ

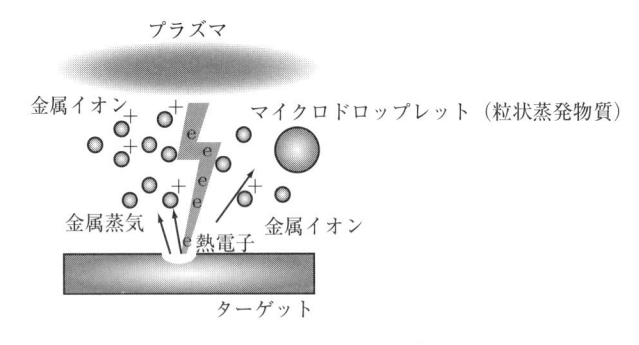

図 3.15 アーク蒸発法の模式図

ト表面の1点(アークスポット)が加熱されることにより,この部分は溶融状態となる.すると,熱電子が発生し,この熱電子により電流が維持される.アークスポットは,通常,ランダムに移動し,集中することはない.さらに,ターゲット表面に磁界を形成することにより,アークスポットの動きを制御し,膜厚の均一性を得るとともに,アークスポットの1点への集中を抑制する.陰極物質は,高融点金属であることが望ましく,Ti,WあるいはTaなどが用いられる.低融点金属を陰極物質とすることもできるが,急激な融解により大きな粒の飛散が起こるので望ましくない.また,高融点物質においても,アーク放電の集中が起こると,蒸発物質が粒状となり飛び出すことがある.

3.5 真空蒸着法における薄膜の構造

蒸発源から蒸発した物質は,基板表面に到達して凝縮固化し,薄膜を形成する.真空蒸着法では,蒸発粒子は途中でほかの分子に衝突することなく基材に到達するため,途中でエネルギーを失ったり,逆に,エネルギーを得たりすることはない.薄膜を形成するエネルギーは,蒸発粒子のもつエネルギーとして輸送されるものと,基板に与えられたエネルギーとからなる.蒸発粒子のもつエネルギーとして輸送されるエネルギーは,$0.1 \sim 0.3$ eVとあまり大きくはない.したがって,薄膜成長過程は,ほぼ基板温度により決まる.基板温度と成長した薄膜構造の関係を現したモデルが,図3.16に示したMovchanとDemchishinのモデルである[2].このモデルでは,基板温度は薄膜となる物質の融点を1として,それに対する倍数で表される.薄膜の構造は,三つのゾーンに分かれて示される.ゾーン1は,基板の温度が融点の0.3倍程度までの領域である.この領域では,基板に到達した原子が基板上で移動するのに十分なエネルギーを得ることができず,緻密な構造を形成することができない.得られた

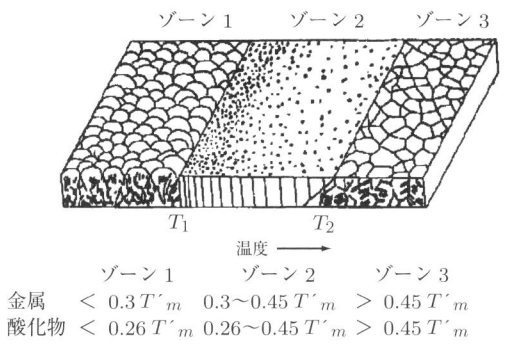

	ゾーン1	ゾーン2	ゾーン3
金属	$< 0.3 T'_m$	$0.3 \sim 0.45 T'_m$	$> 0.45 T'_m$
酸化物	$< 0.26 T'_m$	$0.26 \sim 0.45 T'_m$	$> 0.45 T'_m$

図3.16 真空蒸着における薄膜構造のMovchanとDemchishinのモデル(参考文献2より)

薄膜は，繊維状に成長し，各繊維状の構造の間には空隙が存在する疎な構造を示す．ゾーン2は，基板温度が融点の0.3倍から0.45倍程度で，基板上での原子の動きがやや促進される．薄膜の構造は柱状となり，少し緻密になるが結晶化までは至っていない温度領域である．ゾーン3は，基板温度が融点の0.45倍以上の領域である．基板上において原子は十分に安定な位置を見いだすことができ，結晶化が十分に促進される．得られた薄膜は緻密な構造を示し，配向性も弱くなり，多結晶体に近くなる．ここで示した領域の境目となる温度/融点の値は金属薄膜に対する温度の分配である．化合物薄膜においては，それぞれのゾーンに温度域が若干異なってくる．

その例として，融点が2133 Kのクロム Crの堆積において，ゾーン2の構造の薄膜を得ようとすると640 K (367 °C)程度，さらにゾーン3の構造を得ようとすると960 K (687 °C)程度の基板温度が必要となる．通常の生産プロセスにおいて，比較的簡単に到達できる基板温度は300 °Cくらいである．300 °Cの基板においては，ゾーン1の構造，あるいはゾーン1においても少しだけ緻密な構造しか得られない．このことから，蒸着法では多結晶体のクロム薄膜を得ることが困難であることわかる．さらに，プラスチック材料のように基材の温度を上げることができない場合には，たとえば，基材温度を100 °Cとすると，融点が933 K (660 °C)と比較的低いAlの薄膜形成においてはゾーン2に近い構造が得られるが，Alより融点の高い材料に対しては緻密な膜を得ることが困難である．

蒸着法では，密度と同様に，薄膜の基材に対する付着力を高くすることが困難である．これは，やはり蒸発した原子や分子のもつエネルギーとして基板に輸送されるエネルギーが小さいため，薄膜材料と基板との間に強固な結合ができず，さらに基板上に結合を弱める汚れを取り除くことができないまま薄膜が形成されることによる．

低い基板温度において，高い密度あるいは大きな付着力をもつ薄膜を堆積することが困難である点は，蒸着法の最大の欠点でもある．

3.6 真空蒸着法における薄膜構造制御性および反応性の向上

3.6.1 真空蒸着法における薄膜の構造制御

真空蒸着法においては，蒸発した気体原子あるいは分子のエネルギーは0.1 eV程度と小さく，温度が低い基板上に，密度が大きく基板への付着にもすぐれる膜を得ることは困難であった．薄膜の密度を高くしたり，基板との付着力を大きくしたりするためには，基板温度を高くする必要がある．しかし，基材の温度を高くするには限界がある．

薄膜への要求品質が高い場合には，基板を加熱しただけではそれを満たすのに十分

な膜密度や基板に対する薄膜の付着力などが得られない場合がある．高い機能をもつ光学フィルターなどに使われる光学薄膜がよい例である．高機能光学薄膜においては，薄膜の光学特性において高い安定性が求められる．しかし，薄膜が粗な構造をもつ場合には，薄膜構造のすきまに水分などが入り込むことにより光学特性が変化し，デバイスとしての物性の変化を引き起こす．このような場合には，後述するイオンアシスト蒸着法やイオンプレーティング法とよばれる方法を使い，高い密度あるいは付着力をもつ薄膜を作製する．図 3.17 に，イオンアシスト蒸着法で作製された光学薄膜の断面構造を示す．この図から，十分な条件のイオンアシスト蒸着法で作製された薄膜は構造が密になっていることがわかる．

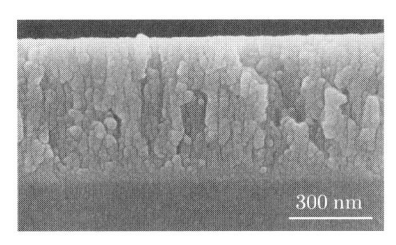

（a） イオンアシストが不十分な条件で作製された TiO_2 薄膜断面
イオン電流密度　：60 $\mu A/cm^2$
イオンエネルギー：500 eV
成膜速度　　　　：0.6 nm/s

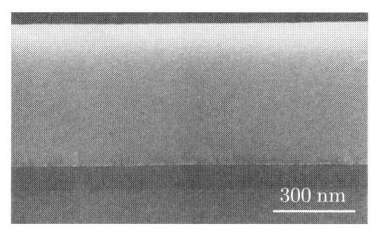

（b） イオンアシストが十分な条件のもとで作製された TiO_2 薄膜の断面
イオン電流密度　：100 $\mu A/cm^2$
イオンエネルギー：500 eV
成膜速度　　　　：0.6 nm/s

図 3.17 イオンアシスト蒸着法で作製された TiO_2 薄膜の断面 SEM 写真
（株式会社シンクロン技術資料より）

3.6.2　真空蒸着法における化合物薄膜の形成

真空蒸着法では，基板温度が 300 °C 程度までの低温の場合には，たとえば Ti と N の比が 1 対 1 であるというような，定比をもつ良質の化合物薄膜の形成が困難である．これは，基板に到達する粒子のもつエネルギーが小さいことから，基板温度を上げることなく基板上での反応性を高くできないことによる．化合物薄膜を形成するためには，基材上で化学反応を起こす必要がある．そのために必要な活性化エネルギーを基材上にある原子や分子がもっている必要があるが，基材温度が低い場合には，原子や分子が必要なエネルギーをもつことができない．とくに，一般には化合物の融点が高くなるほど，この化合物形成のための活性化エネルギーは高くなり，高融点化合物においては良質の薄膜を得ることが困難となる．基板温度を高くすることなく化合物薄膜を得る場合には，薄膜の構造制御を行う場合と同様に，基板に到達する粒子にエネルギーを与え，その活性を高めればよい．代表的な方法に，イオンプレーティン

グ法がある．この方法を用いることにより，蒸発原子や分子およびチャンバーに導入されたN_2やO_2などの反応性ガスの化学的活性が高められ，その結果として，たとえば，TiとNの比率が1対1であるという，定比に近い組成をもつ化合物薄膜が，比較的低温の基材の上に得られる．イオンプレーティング法における化合物の形成においては，多くの場合には金属材料を蒸発物質とし，これをO_2やN_2と反応させ，化合物を形成する．しかし，高屈折率薄膜の堆積などの場合には，低級酸化物（たとえば，酸化チタン薄膜を形成する場合においてはTi_2O_3など）を出発物質とし，この出発物質とO_2を反応させ，定比の高い屈折率をもつ材料を形成するという方法が使われる．これは，得られる薄膜物性の安定性や蒸発プロセスの制御性を高めるための工夫である．

3.6.3 イオンプレーティング法およびイオンアシスト法

　蒸発物質をイオン化する方法としては，高周波コイルを用いる方法，大電流電子源であるホローカソード電子銃からの電子流を用いる方法，加速された熱電子を用いる方法などがある．また，アークイオンプレーティング法のように，蒸発方法としてプラズマを使って，高いイオン化率を得る方法もある．イオンアシスト蒸着法においては，蒸発物質をイオン化することは行わず，蒸発源に併設するイオン源より高エネルギーイオンを発生させ，これを基板に照射する．以下に，イオンプレーティング法およびイオンアシスト蒸着法について述べる．

（1）高周波イオンプレーティング法

　高周波イオンプレーティング法は，高周波電力を印加するコイルを蒸発源と基板との間に設置し，蒸発源から蒸発した原子や分子が，このコイルにより発生するプラズ

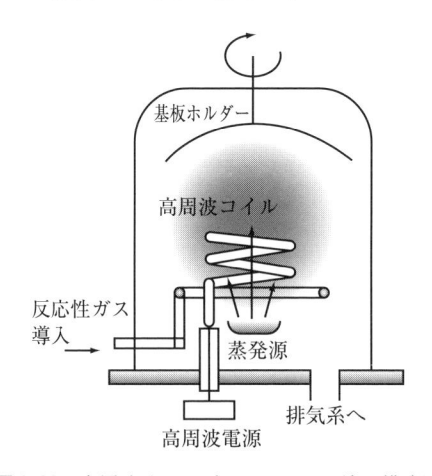

図3.18 高周波イオンプレーティング法の模式図

マ中を通過することにより，イオン化される方法である．装置の模式図を，図3.18に示す．蒸着室内の圧力が10^{-2} Pa程度となるようにガス導入系からガスを導入し，コイルに高周波電力を印加することによりプラズマを発生させる．基板に負のバイアス電圧を印加し，イオンを加速する．この加速されたイオンが基板上で成長している薄膜に衝突して，基板表面での原子の拡散を促進し，薄膜の密度を高めたり，あるいは基板に直接衝突して基板表面をクリーニングする効果により，薄膜の基板への付着力を高める．基板や基材に電気伝導性がない場合には，これらに高周波電力を加え，バイアス電位を発生させる．ただし，異形物などには有効に高周波電力を加えることが難しい場合が多い．

　反応性ガスと蒸発した原子や分子を反応させ，化合物薄膜を堆積する場合には，O_2，N_2あるいはメタンCH_4などの反応性ガスを導入する．金属薄膜を作製する場合には不活性なArなどが使われる．

　高周波コイルを用いるイオンプレーティング法では，気体分子のイオン化率はあまり高くはない．その理由は，電子と原子あるいは分子との衝突頻度が高くないことによる．しかし，すべての原子あるいは分子がイオン化していなくとも，ある程度の膜密度あるいは膜付着力の改善の効果は得られる．

　高周波コイルに印加する電力は装置の大きさに依存する．研究開発用の小型装置において数100 W程度，また，大型の生産装置では数kWの電力を印加する．基板に印加されるバイアス電圧もさまざまであるが，数100 V～1 kV程度が一般的である．あまり印加電圧を大きくしすぎると，堆積した膜物質がスパッタリングされたり，堆積した薄膜に過度の応力が発生したりする問題が起こる．基板や基材に高周波バイアスを印加する場合には，その電力は数kW程度までとなる．

　イオンプレーティング法は，反応性ガスを容易にイオン化できるという特徴をもち，この特徴を生かして化合物薄膜の形成に多く用いられる．イオンプレーティング法で形成される典型的な化合物薄膜は，TiNやTiCに代表される窒化物あるいは炭化物などである．窒化物を形成する場合には，N_2あるいはNH_3などを反応性ガスとして導入する．炭化物を形成する場合には，CH_4あるいはアセチレン（エチンC_2H_2）などを反応性ガスとして導入する．いろいろな化合物を形成する際の蒸発物質と反応性ガスの組合せを，表3.5に示す．

　イオンプレーティング法は，良質の化合物薄膜の作製と同時に高密度薄膜の作製にも有効な方法である．この特徴を生かして，高精度の光学薄膜作製用にも使われる．化合物薄膜作製の場合には，イオンあるいは励起種による化学的な活性の向上を利用していたが，高密度薄膜の作製においては，基板に到達するイオンのもつ運動量を薄膜の高密度化に利用する．イオンプレーティング法で作製された光学薄膜の断面電子

表3.5 反応性イオンプレーティング法により作製される薄膜の例

反応性ガス 蒸発物質	O_2	N_2	NH_3	CH_4	C_2H_2
Al	Al_2O_3	AlN	AlN	—	—
Cr	Cr_2O_3	CrN	CrN	Cr_3C_2	Cr_3C_2
Hf	HfO_2	HfN	HfN	HfC	HfC
Nb	Nb_2O_5	NbN	NbN	NbC	NbC
Si	SiO_2	Si_3N_4	Si_3N_4	SiC	SiC
Sn	SnO_2	—	—	—	—
Ta	Ta_2O_5	TaN	TaN	TaC	TaC
Ti	TiO_2	TiN	TiN	TiC	TiC
W	—	WN	WN	WC	WC
Zr	ZrO_2	ZrN	ZrN	ZrC	ZrC

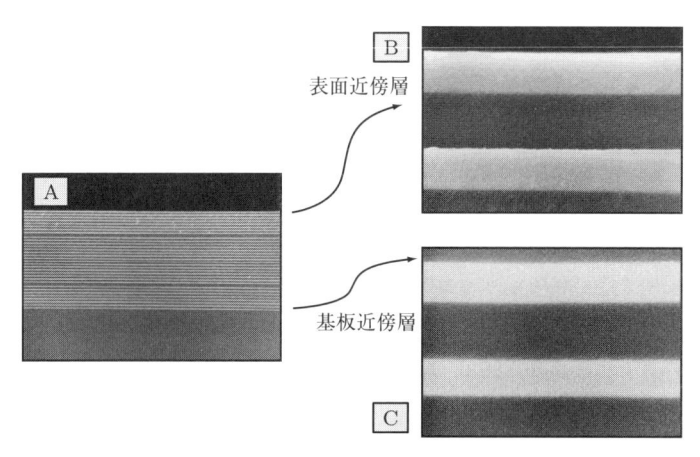

図3.19 高周波イオンプレーティング法で作製されたSiO_2/Ta_2O_5薄膜の断面写真（株式会社昭和真空）

顕微鏡写真を，図3.19に示す．狭帯域バンドパス用のフィルターとして，膜厚が20μm以上であるにもかかわらず，表面および基板近傍層のいずれにおいても緻密な多層構造が形成され，層界面が平滑であることがわかる．

(2) ホローカソードイオンプレーティング法

ホローカソードイオンプレーティング法は，蒸発源に使うホローカソード電子源より得られる大電流電子ビームを，蒸発原子や分子のイオン化にも用いる方法である．

したがって，とくにイオン化のための電子ビーム源を設置するものではない．ホローカソード電子源から発生した電子は大電流ビームとなり，蒸発源にある薄膜物質を加熱，蒸発させる．蒸発した原子や分子は，蒸発源に入射するビームのなかの電子と，高い確率で衝突してイオン化される．基板側には高周波イオンプレーティングと同様に，バイアス電圧を印加する．

ホローカソードイオンプレーティング法は，工具などへのハードコーティングの作製装置に多用されている方法である．この方法は，蒸発原子や分子のイオン化率が高いため，高周波イオンプレーティング法に比べて，形成される薄膜の構造や付着力の制御性にすぐれる．したがって，構造制御が難しい窒化物や炭化物などの高融点化合物でも，機械的特性にすぐれ，基材への付着力のよい薄膜を形成することが容易である．また，蒸発源自体で大きな蒸発速度を得ることが可能であり，生産性の高い蒸着法である．高周波コイルの設置がなくてもイオン化が可能であるなどの利点がある．これらの理由により，ハードコーティング形成の方法として多用されている．

(3) 活性化蒸着法

活性化蒸着法とは，蒸発源と基板との間に，加速された熱電子流を発生させ，そのなかを蒸発原子や分子を通過させることにより，イオン化させる方法である．熱電子は熱フィラメントから放出され，これに対向して設置されたアノードに向かって加速される．

図 3.20 に，装置の模式図を示す．熱フィラメントには，W フィラメントを使う．通常は，熱フィラメントを負電位にするが，アノードを設置し，アノードに正の電圧

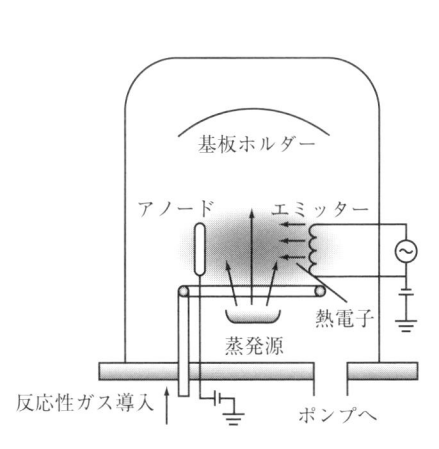

図 3.20 活性化蒸着法の模式図

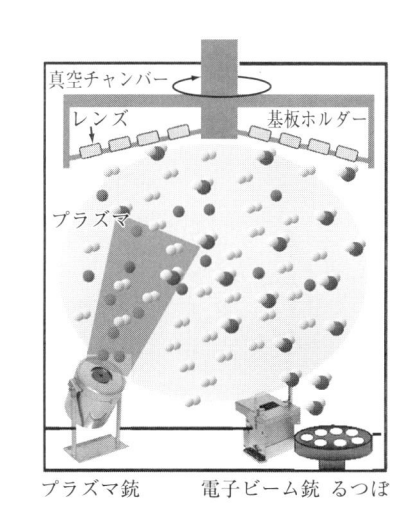

図 3.21 プラズマ電子銃を用いたイオンプレーティング法の模式図（日本電子株式会社）

を加えることでも電子の引き出しは可能である．大きな電子密度を得ることが困難であり，また，電子の存在する空間が限られるために，蒸発物質のイオン化率はあまり高くない．しかし，熱フィラメントを設置するだけで蒸発物質の活性化が可能であるために，蒸着法において簡易的に化合物を形成する方法として用いられる．

活性化蒸着法と同様に，電子ビームを利用した活性化法として，プラズマ電子銃を用いたイオンプレーティング法がある．フィラメントを用いるよりも電子ビーム電流を大きくすることができ，生産に適した方法である．装置の模式図を，図 3.21 に示す．大電流の電子ビームを発生できるプラズマ電子銃を用い，大型の装置では 10 A にもなる電子電流を流す．蒸発源には電子ビーム源を使う．図 3.22 に，作製された薄膜の断面写真を示す．界面の平坦な，大きな密度をもつ薄膜が作製できていることがわかる．

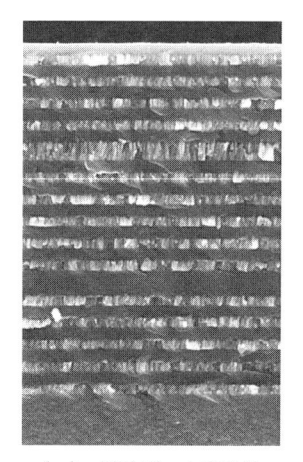

　　　　（a）電子ビーム蒸着法　　　（b）イオンプレーティング法

図 3.22　プラズマ電子銃を用いたイオンプレーティング法により作製されたTiO_2/SiO_2 多層薄膜の断面写真（日本電子株式会社）

（4）アークイオンプレーティング法

アークイオンプレーティング法は，蒸発物質から構成されるターゲットを陰極としてアーク放電を起こし，アーク電流によりジュール熱を発生させ，ターゲットを局所的に加熱することにより，ターゲット材料の熱蒸発を起こすと同時に，蒸発した原子をプラズマによりイオン化する方法である．図 3.23 に，装置の模式図を示す．また，図 3.24 に，外観写真を示す．ターゲット材料が蒸発するアークスポットとよばれる部分に大きな電流が集中し，局部的にプラズマ密度が高くなるために蒸発した物質のイオン化率が高くなる．一般には，80％以上のイオン化率が得られるとされている．ホローカソード法と同様に，高融点金属材料における蒸発速度が大きく，かつ高い反

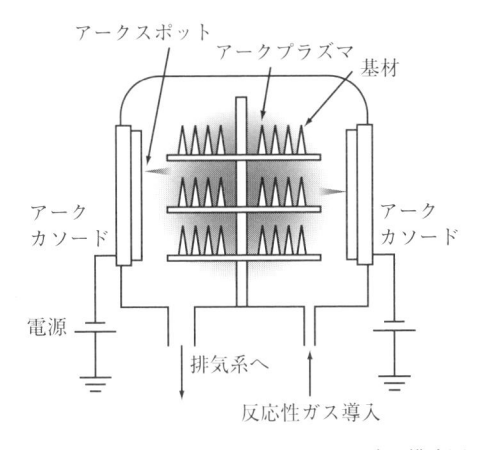

3.6 真空蒸着法における薄膜構造制御性および反応性の向上　65

図 3.23　アークイオンプレーティング法の模式図

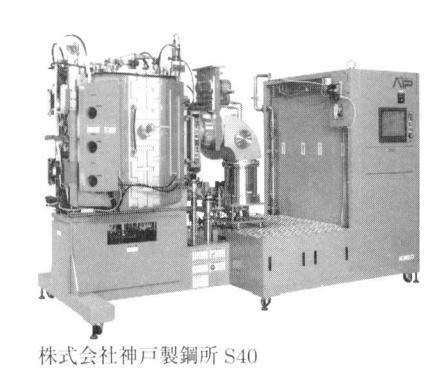

図 3.24　アークイオンプレーティング装置の外観写真（株式会社神戸製鋼所技術資料より）

応活性をもつため，窒化物あるいは炭化物などの高融点化合物薄膜の形成に用いられる．また，ターゲットを大きくしたり，複数個配置したりすることで，大面積化に対応できるという利点もある．ターゲットとする材料は，一般には高融点金属が適している．融点が低い材料であると，アークスポットの急激な加熱により液滴が気相中に飛び出し，大きな粒として薄膜に堆積し，膜欠点となる．この液滴の基板上への付着を防ぐために，電界を用いてイオンのみを偏向させ，基板に到達させるフィルタードアーク法とよばれる方法もあるが，イオンの到達効率が低下し，装置が複雑になるため，あまり用いられていない．

（5）イオンアシスト蒸着法

イオンアシスト蒸着法は，蒸発源とは別にイオン源をチャンバー内に設置し，蒸発源からは薄膜とする物質を蒸発させると同時に，イオン源から発生した Ar ガスなどのイオンビームを，基板に堆積しつつある薄膜物質に照射することにより，その構造を制御する方法である．図 3.25 に，蒸着装置の内部構造を模式的に示す．イオン源と，イオンビームによる帯電を中和するニュートラライザーとなる電子ビーム源が設置されている．蒸発源や基板ホルダーなどは通常の蒸着装置と同様である．蒸発源とイオン源を別々に操作できるため，蒸発源の制御性を損なうことなく，堆積される薄膜の構造を制御することが可能である．蒸発源に制御性が高い電子ビーム蒸発源を用い，高精度な光学薄膜の作製などに応用されることが多い．代表的なイオンアシスト蒸着装置の外観写真を，図 3.26 に示す．

イオン源としては，円筒室内での高周波放電を用いたバケット型とよばれるものがよく使われる．外観写真を，図 3.27 に示す．バケットとよばれる円筒室内で放電を

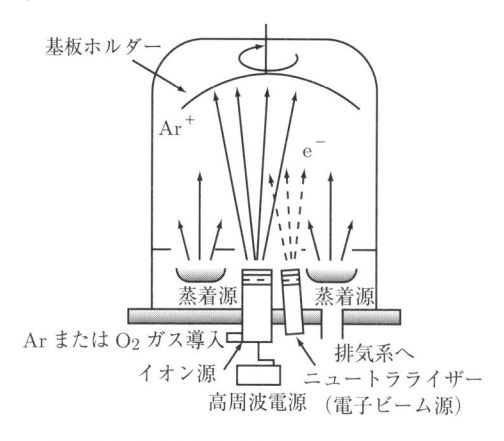

図3.25 イオンアシスト蒸着装置の内部構造の模式図

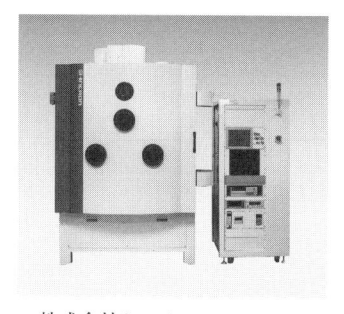

図3.26 イオンアシスト蒸着装置の外観写真（株式会社シンクロン技術資料より）

図3.27 イオン源の外観写真（株式会社シンクロン技術資料より）

発生させ，ここからイオンを引き出す．イオンのエネルギーは500〜1000 eV程度である．このイオン源の特徴は，大口径，大電流のイオンビームを安定して形成できる点にある．イオン源用のガスとしてはArを用いることが一般的であるが，酸化物薄膜を作製する場合には，O_2を用いる．O_2を用いる場合には，イオン源には高周波放電形式のものを用い，フィラメント形式のものを用いることはない．これは，フィラメントがO_2によって劣化し，長時間の放電ができなくなるためである．

イオンを照射される基材あるいは薄膜が導電性でない場合には，表面が正に帯電し，イオンを反射するようになり，アシスト効果が得られなくなるため，電子ビームを同時に照射し，正の帯電を中和することにより，アシスト効果を維持する．

大型のイオンアシスト蒸着装置では，イオンアシスト効果の均一性を得るために，大口径のイオンビームを基板に照射することが必要となる．たとえば，直径が800 mm程度のプラネタリー型の基板ホルダーをもつ蒸着装置においては，イオン源の有効ビーム径が150 mm程度のイオン源を用いて基板全体にイオンを照射する．イオンアシスト蒸着における，イオン/原子の到達比を概算してみる．イオン源からのイオンアシスト電流の値を1 Aとし，基板ホルダーの直径を800 mmとすると，

基板位置でのイオン電流密度は100 μA 程度となる．ただし，実際には電流密度の均一性を得るために，入射電流密度はこの半分程度の値となる．これをイオン束に換算すると3×10^{14}個/(cm^2·s) 程度となる．SiO$_2$薄膜を仮定し，膜堆積速度を 2 nm/s とすると，イオン/原子の到達比はおおよそ10分の1程度となる．イオンのエネルギーを 500 eV とすると，原子1個あたりに供給されるエネルギーは，50 eV 程度となる．一般に，薄膜の構造を粒子エネルギーにより緻密化するために必要なエネルギーは 20～30 eV であると報告されており，ここに示した方法で薄膜構造を制御するのに十分な量のエネルギーが与えられる．イオンアシスト蒸着法における薄膜構造の制御には，基板に到達するイオン量とそのエネルギーの制御が重要である．

第4章 スパッタリング法

　高エネルギー粒子をターゲット材料に衝突させ，ターゲット材料の原子を気相中に放出し，基板上に固体として堆積させる方法をスパッタリング法とよぶ．スパッタリング法は，微小なデバイス作製から，数m幅のプラスチックフィルムやガラス上への薄膜堆積まで，幅広く使われている方法である．本章では，スパッタリング現象の概要，スパッタリング法による薄膜堆積機構，スパッタリング装置とそれを使う場合の留意点，スパッタリング法による化合物薄膜堆積，また，産業界において実用されている各種のスパッタリング法について述べる．

4.1　スパッタリング法とは

　真空中における高エネルギー粒子とターゲット材料との衝突による運動量交換により，気相中に放出されたターゲット材料粒子を，基板上に薄膜として堆積することをスパッタリング法という．スパッタリング現象とは，ターゲット材料が運動量交換により気相中に粒子として放出される現象のみをいうが，薄膜作製技術においては薄膜の堆積までを含めてスパッタリング法という．スパッタリング現象を模式的に図4.1に示す．

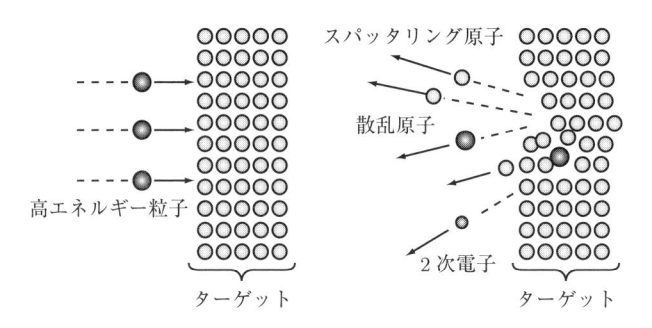

図4.1　スパッタリング現象の模式図

　スパッタリングを引き起こすための高いエネルギーをもつ粒子を得る方法としては，プラズマを発生させ，形成されたイオンを電気的に加速することが一般的である．さらに，磁場を用いてプラズマを閉じ込め，電子の使用効率を高めることが多い．この方法は，マグネトロンスパッタリング法とよばれる．プラズマを発生させる電源の種類により，直流マグネトロンスパッタリング法と高周波マグネトロンスパッタリング法とに大別される．イオン源を用いて形成したビーム状のイオンを加速し，

イオンビームとして高エネルギー粒子を得ることもある．高真空中での薄膜形成が可能であり，特殊な用途に使われる．

スパッタリング法において，薄膜とする物質はターゲットからスパッタリングされることにより供給される．ターゲットとしては，金属，酸化物，および窒化物などの材料が用いられる．たとえば，Al の薄膜を作製しようとする場合には，Al 金属の板をターゲットとして用いる．TiO_2 あるいは TiN などの化合物を作製する場合には，化合物ターゲットを用いて化合物薄膜を形成する方法と，金属ターゲットを用いて，O_2 や N_2 などのガスを真空チャンバー中に導入して，これを金属と化合させることにより化合物薄膜を形成する方法とがある．後者を一般には反応性スパッタリング法という．

スパッタリング法は，
① 低温の基板上にでも付着力が大きく，かつ構造が緻密な薄膜を形成できる．
② 大きな面積をもつ基板上に均一な膜を作製することに適している．
③ ターゲットと基板間の距離を短くできるので真空チャンバーの容積を小さくできる．
④ 再現性および安定性にすぐれる．
⑤ ターゲット寿命が長く，連続生産に適している．

などの特徴をもつ．特性のよい薄膜を連続的に，かつ再現性よく形成できるという特徴を生かし，広く工業的に用いられている．

スパッタリング法においては，ターゲットから気相中に供給される粒子が高いエネルギーをもち，薄膜堆積が非熱平衡過程となると同時に，薄膜構造，さらには物性に粒子エネルギーが影響する．そのため，スパッタリング法における薄膜物性制御には，放電の条件，圧力条件，さらには基板位置やその表面状態の理解が必要となる．これがスパッタリング法が完成された技術として工業的に多用されているにもかかわらず，その理解が困難とされている理由である．

4.2 スパッタリング現象とスパッタリング率

原子レベルにおいて，固体に粒子が入射する場合に，入射粒子のもつエネルギーが 10 eV 程度を超えると，表面に衝突した粒子が固体中に侵入し，同時に固体表面を占める原子が気相中にはじき飛ばされるようになる．この現象がスパッタリングである．スパッタリングが起こるエネルギーの範囲は，数 keV〜数 100 keV くらいまでである．さらにエネルギーを大きくしていくと，粒子が固体深くに侵入し，取り込まれてしまう．すなわち，イオン注入が支配的となってくる．スパッタリング率が最も

高いのはおおよそ数 10 keV のエネルギーをもつ原子がターゲットに入射した場合である．

入射粒子 1 個あたりに対して，スパッタリングにより気相中にはじき出される原子の数をスパッタリング率という．スパッタリング率は，入射粒子のエネルギー，質量，入射角度，ターゲットとなる固体材料を構成する原子の質量などに依存する．

図 4.2 に，シリコンターゲットに Ne^+，Ar^+，Kr^+，Xe^+ を入射した場合のスパッタリング率を示す．いずれのガスに対してもスパッタリング率は，入射イオンのエネルギーに対してある最大値を示したあとに減少していく．Ar^+ の場合では，スパッタリング率は入射イオンのエネルギーが 20 keV 程度で最大値を示す．スパッタリング率は，入射イオンの原子番号が大きいほど大きくなる．

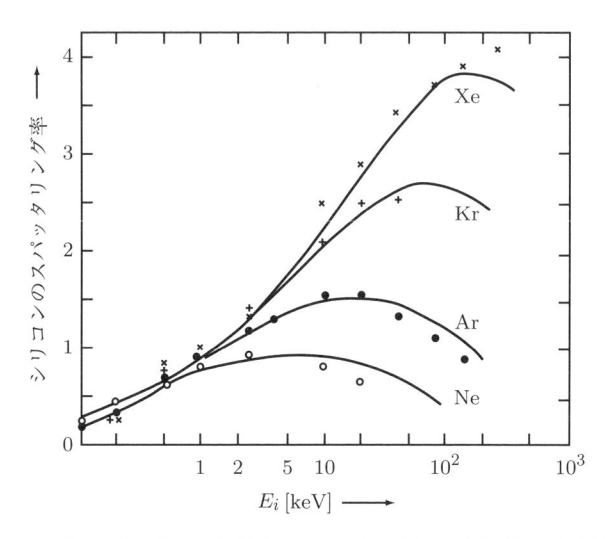

図 4.2 Si のスパッタリング率の入射イオンのエネルギーおよびガス種に対する依存性
（参考文献（1）より）

図 4.3 に，400 eV のエネルギーをもつ Ar^+ を，種々のターゲット材料に入射した場合のスパッタリング率を示す．スパッタリング率の大きさは周期的な変化を示し，Al，Cu，Ag および Au において極大値を示す．逆に，C，Ti，Zr あるいは Ta などにおいては低い値を示す．スパッタリング率は薄膜堆積速度を決める主要因であり，C や Ti の薄膜堆積においては高い速度が得られないことがわかる．化合物ターゲットからのスパッタリング率については，系統的なデータが報告されていない．窒化物で，金属ターゲットにおけるスパッタリング率のおおよそ 2 割～3 割程度，酸化物では 1 割程度にまで低下する．表面の結合エネルギーが大きくなりスパッタリングされにくくなるとともに，2 次電子放出係数が大きくなることにより見かけ上のス

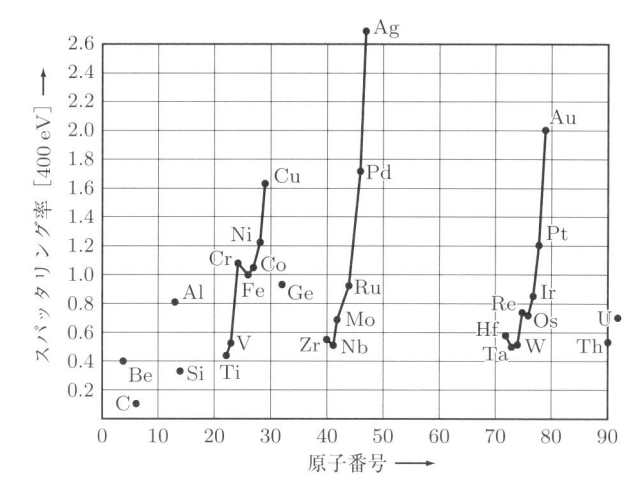

図4.3 400 eVのエネルギーをもつAr$^+$を種々のターゲット材料に入射した場合のスパッタリング率（参考文献（2）より）

パッタリング率が低下する．

　スパッタリング率は，また，高エネルギー粒子の入射角度にも依存する．浅い角度で粒子を入射すると，粒子の侵入深さが浅くなるために，スパッタリング率が大きくなる．おおよそ20°から30°にビームを寝かせた場合に，スパッタリング率は最も大きくなる．イオンビームスパッタリングにおいて，あるいは表面分析においてイオンビームを用いたエッチングを行う場合には，入射角度はスパッタリング率を変化させる大きな要因となる．プラズマスパッタリングでは，入射粒子の角度は，陰極上のシースで決まり，これを制御することはできないので，通常は粒子の角度を考慮する必要はない．

4.3　スパッタリング粒子のもつエネルギー

　スパッタリングにより気相中に放出された原子は，大きなエネルギーをもつ．図4.4に，スパッタリングにより気相中に放出された粒子のもつエネルギーの分布を示す．入射粒子は100 eV，500 eV，および2.5 keVのエネルギーをもつH$^+$であり，ターゲット材料は鉄Feである．100 eVのエネルギーをもつ粒子を入射した場合には，スパッタリング粒子は1 eV弱にエネルギーのピークを示し，500 eVのエネルギーをもつ粒子を入射した場合には，スパッタリング粒子は2 eV付近にエネルギーのピークを示す．真空蒸着法において，熱的に気相中に蒸発した粒子のエネルギーは，おおよそ0.1 eV程度であることを考えると，スパッタリング粒子のもつエネ

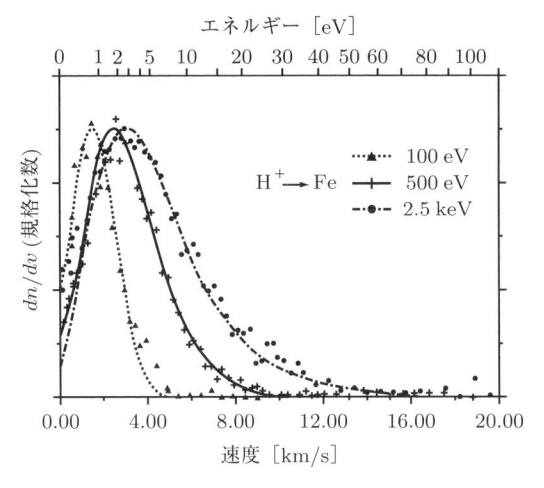

図 4.4 スパッタリングされた粒子のもつエネルギーの分布（参考文献（3）より）

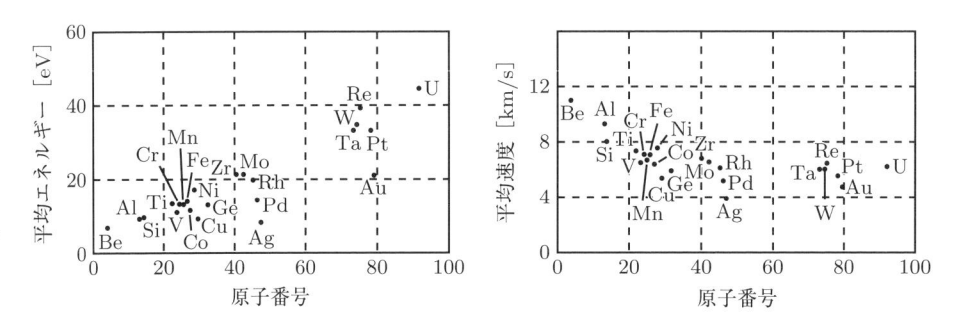

図 4.5 スパッタリングされた粒子のもつエネルギーとその原子番号との関係．1200 eV のエネルギーをもつ Kr^+ によるスパッタリング（参考文献（4）より）．

ギーの大きさがわかる．スパッタリング粒子のもつエネルギーは，速さにすると数 km/s という値になり，粒子が高速で気相中に放出されていることが実感できる．

図 4.5 に，スパッタリング粒子のエネルギーとその原子番号との関係を示す．原子番号が大きいものほどスパッタリングされた際に大きなエネルギーをもつことがわかる．原子番号の大きな元素においては，一般には，凝集に必要とされるエネルギーが大きくなる．たとえば，Al では凝集エネルギーは 327 kJ/mol であるが，W では 859 kJ/mol となる．したがって，質量の大きい粒子が大きなエネルギーをもつということは，このような粒子が緻密な膜をつくる助けとなる．

スパッタリングされた粒子が大きなエネルギーをもつことが，スパッタリングにより形成される薄膜の物性に影響する．大きなエネルギーをもつ粒子が基板上で成長し

ている粒子に衝突することにより，粒子の基板表面における移動が促進され，より緻密な薄膜が形成される．薄膜成長初期においては，この大きなエネルギーをもつ粒子が基板表面をたたくことによりクリーニング効果も起こり，薄膜の基板への付着力が改善される．

　スパッタリング粒子のエネルギーを考えるうえで重要なことは，このエネルギーがスパッタリング現象そのものにより与えられるものであり，粒子のエネルギーに多少の分布があってもすべての粒子が大きなエネルギーをもっているという点である．たとえば，イオンプレーティング法などにおいては，イオン化された原子あるいは分子のみに電気的にエネルギーを与えるため，高エネルギーをもつ粒子の割合は数%にすぎない．それに対して，スパッタリング法においては，高エネルギーをもつ粒子が100%になる．このように，大きなエネルギーをもつ数の割合が大きいことも，スパッタリング法の特徴である．

4.4　スパッタリング法における粒子輸送過程

　ターゲット表面からスパッタリングされ，気相中に放出された粒子は空間を横切り，基板表面に到達し，薄膜を形成する．このターゲットから基板への飛来を輸送現象あるいは輸送過程という．スパッタリング法においては，圧力は 0.1 ～ 1 Pa 程度である．この圧力下では，平均自由行程はおおよそ 10 ～ 100 mm 程度である．すなわち，スパッタリングされた粒子が基板に到着するまでに，1 回から数回程度ガス分子と衝突することになる．蒸着法による薄膜作製では，平均自由行程が数 m 以上と大きく，粒子の衝突を考慮する必要がほとんどなかった．また，第 5 章で述べる化学気相蒸着法では，エネルギー付与が基板上で行われるために，輸送過程におけるエネルギー損失を考える必要がない．粒子輸送過程を考慮する必要があることが，スパッタリング法の特徴である．なお，粒子のエネルギーが変わると衝突断面積が変わる，すなわち，衝突確率が変わるが，ここでは概要をつかむことを目的とし，粒子のエネルギーの変化による衝突断面積の変化は考慮せずに説明する．

　粒子輸送過程において，スパッタリング粒子がガス分子と衝突することにより起こる現象が二つある．一つは，スパッタリング粒子の散乱による飛行方向の変化である．スパッタリング粒子は，衝突によりその方向を変えるために，基板へ到達する粒子の数が減ることになる．また，スパッタリング粒子の基板や薄膜への入射方向がランダムになる．もう一つは，スパッタリング粒子のエネルギーの変化である．スパッタリングされた粒子が冷たいガス粒子と衝突すると，エネルギーを失い，冷えていく．このスパッタリング粒子が衝突により冷える現象を熱中性化という．ここで，熱

中性とは，高いエネルギーをもっていたスパッタリング粒子が冷めて，周囲と同じ温度になった状態をいう．

粒子の初期のエネルギーが 5 eV の場合に，スパッタリングされた粒子が熱中性化するために必要な距離は，圧力が 0.01 Pa（0.1 mTorr）において 200 cm となり，圧力が 0.1 Pa（1 mTorr）で 20 cm 程度となる．図 4.6 に，圧力 1 Pa（10 mTorr）における銅 Cu とニオブ Nb のスパッタリング粒子のエネルギーと，ターゲットからの距離の関係を示す．この図から，距離が長くなるとエネルギーが急激に減少することがわかる．距離が 10 cm においては，初期のエネルギーから約 1.5 桁減少する．図 4.7 に，熱中性化距離を，種々の原子量に対して圧力の関数として示す．実線が初期のエネルギーが 5 eV である粒子に対する計算結果を示し，破線が初期のエネルギーが 1000 eV である粒子に対する計算結果である．初期のエネルギーが 5 eV，原子量が 80，圧力が 0.4 Pa において，熱中性化される距離がおおよそ 10 cm となることがわかる．また，周囲温度が高い場合には，当然スパッタリングされた粒子が冷える速さは遅くなり，より高い圧力でないと冷えなくなることが報告されている．しかし，現実にスパッタリングプロセスにおいて周囲のガス温度が高いことはなく，ほぼ室温であり，圧力が 0.1 Pa（10 mTorr）程度となると急速にスパッタリングされた粒子が冷える．

以上をまとめると，典型的な例として，ターゲットから 5 cm の距離に置いた基板上では，粒子のエネルギーはおおよそ 1 eV 以下になっているといえる．上述したように，スパッタリング装置において，ターゲット–基板間距離はおおよそ 5〜20 cm 程度であり，また，放電圧力は 0.4〜1.0 Pa 程度である．この圧力の領域では粒子温度が大きく変わる．これが，スパッタリングにより堆積される薄膜構造および物性が，放電圧力およびターゲット–基板間距離の依存性を示す原因である．

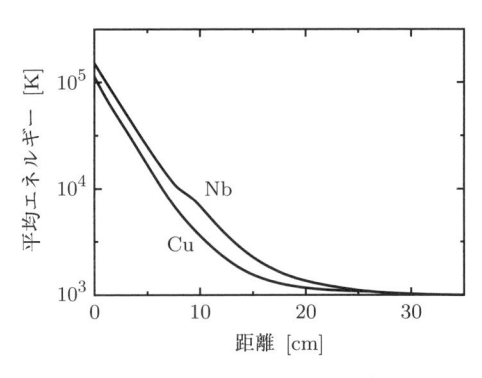

図 4.6 Cu と Nb のスパッタリング粒子のエネルギーとターゲットからの距離の関係（参考文献（5）より）

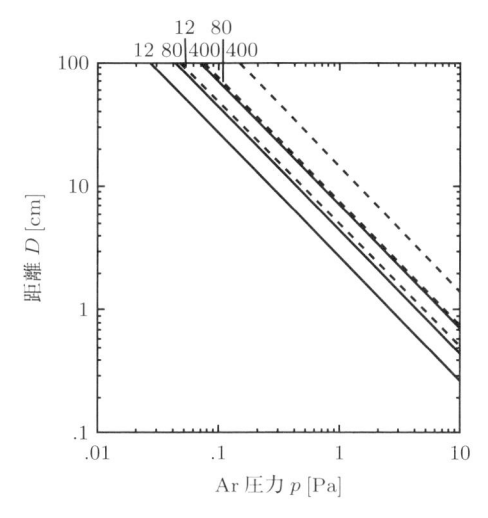

図4.7 原子量が12, 80, および200の粒子が熱中性化するために必要な距離とAr圧力の関係. 実線が初期のエネルギーが5 eVである粒子に対する計算結果を示し, 破線が初期のエネルギーが1000 eVである粒子に対する計算結果を示す（参考文献（6）より）

4.5 スパッタリング粒子のイオン化

スパッタリング現象により, 気相に放出される粒子の一部はイオン化される. しかし, プラズマを使ったスパッタリング法の場合には, ターゲット表面におけるシース電位（2.10節参照）のためにターゲット側に引き戻され, 基板表面には到達しない.

したがって, スパッタリング法において基板に到達するイオンは, イオン化されない状態でスパッタリングされた粒子が, プラズマ中でイオン化されたものである. プラズマ中におけるイオン化機構としては, ペニングイオン化とよばれる準安定状態のArからエネルギーを得ることによるイオン化と, 高いエネルギーをもつ電子との衝突によるイオン化とがある. 放電圧力が高い場合には, ペニングイオン化が支配的であり, 圧力が低い場合には, 電子衝突によるイオン化が支配的といえる. スパッタリング法においては, 中性の粒子が, 高いエネルギーをもつArや電子と衝突する確率はあまり大きくない. したがって, 通常のスパッタリング法において, 基板に到達する粒子のうちのイオンの割合はきわめて小さく, 10%にも満たないとされている.

一方, スパッタリング法により負イオンが発生した場合には, このイオンがターゲット前面のプラズマシースにより加速されることにより, 大きなエネルギーをもって基板に到達する. 金属が負イオンの形でスパッタリングされる確率は低いが, 電子親和力の大きなO_2やFがある場合に, 負イオンとしてスパッタリングされやすい.

スパッタリング法により形成された負イオンは，シースで与えられた大きなエネルギーをもって基板に到達するために，薄膜にダメージを与えたり，再スパッタリングを引き起こしたりする．プラズマ中で原子あるいは分子がイオン化されて，負イオンになる確率は非常に小さい．また，シースでエネルギーを与えられることもない．したがって，プラズマ中での負イオンの生成については，薄膜作製プロセスへの影響を考慮する必要はほとんどない．

4.6 スパッタリング法におけるプラズマの生成

4.6.1 プラズマの発生とプラズマシースにおけるイオンの加速

スパッタリング現象を起こすためには，原子にエネルギーを与えることが必要である[1]．原子にエネルギーを与える最も簡単な方法は，これをイオン化して電界により加速することである．プラズマを用いたスパッタリング法では，イオン化およびプラズマシースにおける加速により，原子にエネルギーを与える．最も簡単な直流2極スパッタリング法を例にとると，図4.8となる．放電ガスはプラズマ中でイオン化される．イオン化された放電ガスの一部はターゲット前面のシースへと流れ込み，ターゲットへ向かって加速される．ここで，シース電位はプラズマの電位とターゲットの電位差に等しく，典型的には，マグネトロンスパッタリングとよばれる方法で100 V〜500 V程度である．シースで加速された1価のイオンは，ターゲット表面に到達するときには，500 eVのエネルギーをもつことになる．Ar^+に対して，その速さを

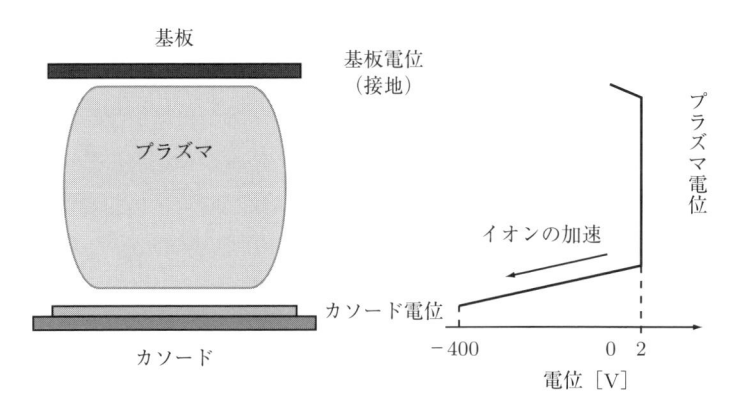

図4.8　直流2極スパッタリング法におけるプラズマの模式図

---

[1] スパッタリング現象は，大きなエネルギーをもつ原子がターゲット表面に入射することにより起こる現象であり，原子がイオン化されている必要はまったくない．

計算すると約 55 km/s となり，そのエネルギーの大きさがわかる．

直流マグネトロンスパッタリングにおいては，イオン電流の密度はおおよそ 10 〜 100 mA/cm^2 程度である．イオンの数にすると，約 10^{17} 個/(cm^{2}s) のイオンがターゲット表面に入射していることになる．この粒子が 500 eV のエネルギーをもつと仮定して，イオンの入射により基板に与えられるエネルギーの大きさ，すなわちエネルギー束を算出すると，8 W/cm^2 程度となる．

4.6.2 マグネトロンによる電子の閉じ込め

図 4.8 のような直流 2 極放電は単純な放電ではあるが，放電を維持するために高電圧を必要とし，また，高いイオン電流密度を得られないという欠点がある．高い電流密度が得られないということは，スパッタリングされるターゲット原子の量が少なく，薄膜の堆積速度が小さくなるということを意味する．この欠点を補う方法が，マグネトロン放電である．マグネトロン放電とは，磁場を形成し，電子を電磁界により閉じ込める放電をいう．スパッタリング法においては，一般には，平板型ターゲットの裏面に磁石を設置し，表面上に漏れ磁場を形成することによりマグネトロン放電を実現する．

平板型マグネトロンの，ターゲット裏面に設置された磁石により形成された磁界は，ターゲット表面に漏れ磁場を形成する．この磁場の方向と大きさは，ターゲット上において均一ではないが，ちょうど S 極と N 極の中央付近ではターゲットに対して平行となる．一方，ターゲットに与えられた電圧により形成される直流電界は，ターゲットに垂直となる．ターゲット上にある電子は，電界により加速されるとともに，磁界によるローレンツ力を受け，サイクロトロン運動とよばれるらせん状の運動をしながら，ターゲット上を一定方向に進んでいく．この電子の一方向への移動は，磁界と電界によって起こるので，$\bm{E} \times \bm{B}$ ドリフトとよばれる．図 4.9 に，サイクロトロン運動の模式図を示す．この閉じ込めの大きさ，すなわちサイクロトロン半径

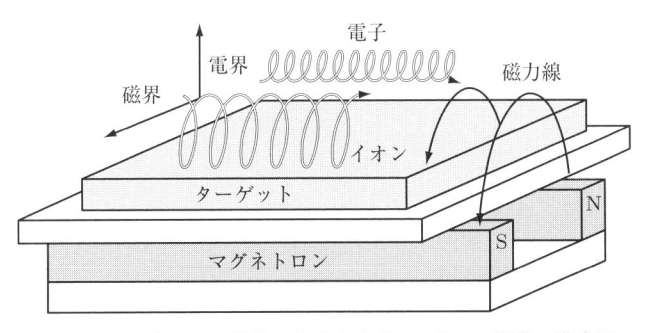

図 4.9 マグネトロン放電におけるサイクロトロン運動の模式図

は，電子の質量，電界および磁界により定まり，一般には，数 cm となる．

サイクロトロン運動により電子が閉じ込められるために，この領域における電子と気体との衝突確率が大きくなり，プラズマ密度が大きくなる．したがって，電流密度が大きくなり，放電を維持するのに必要な電圧が低くなる．その結果として，薄膜の堆積速度が大きくなるという利点が得られる．電子の閉じ込め効果により，マグネトロン放電においては，500 V 程度のターゲット電圧で，約 $50\,\mathrm{mA/cm^2}$ という大きな電流密度が得られる．一方，直流 2 極放電の場合には，数 kV の電圧を加えても数 $\mathrm{mA/cm^2}$ 程度の電流密度しか得られない．

マグネトロン放電において，低電圧で放電を維持できるということは，前方散乱ガスあるいは電子による薄膜へのダメージの低減につながる．また，電力導入部などにおける異常放電の発生の抑制にもつながり，低耐電圧で装置の各部を設計できることになる．

4.6.3 高周波放電

ターゲット材料が導電性である場合には，直流放電を維持することができるが，ターゲット材料が絶縁性である場合には，直流放電を維持することができない．酸化物などの絶縁物をターゲットとしてスパッタリング法を行う場合には，高周波放電を用いる必要がある．

二つの対向する電極に，正弦波をもつ高周波電圧を印加すると仮定する．電極が正に帯電している間は電子が電極に流れ込み，電極が負に帯電している間は正イオンが電極に流れ込む．ここで構成されている高周波回路においては，直流成分の電流を流すことはできないため，電極が正負に帯電する 1 周期において，電子電流とイオン電流とがバランスし，電流の直流成分は 0 でなければならない．しかし，イオンに比較して電子の質量が小さく，半周期において電極に流れ込む量がイオンに比べて多くなる．したがって，1 周期をとれば，電極は負に帯電していく．ところが，負に帯電していくということは，電子の流れ込みを抑え，イオンの流れ込みを促すことであり，徐々に表面の帯電が緩和されてくる．電極に流れ込む電子の量とイオンの量がつり合った時点で，帯電は定常になる．このときの電圧が自己バイアス電圧である（2.11 節参照）．

スパッタリングは，この自己バイアス電圧により，イオンが加速されてターゲットに衝突することにより起こる．

4.7 スパッタリング装置

4.7.1 スパッタリング装置の概要

　スパッタリング装置の基本となる構造は，平行平板型の2極スパッタリング装置である．図4.10に，装置の模式図を示す．2極スパッタリング装置は，アノードおよびカソード，基板ホルダー，ガス導入系，圧力計，シャッターなどから構成される．2極スパッタリング装置において，カソード裏面に磁石が設置されており，マグネトロン放電が可能となったものが，前節で述べたマグネトロンスパッタリング装置である．

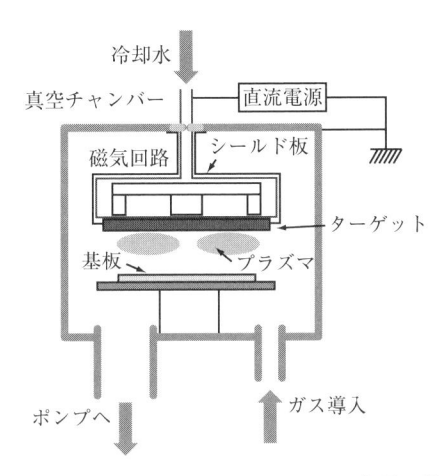

図4.10　2極マグネトロンスパッタリング装置の模式図

（1）　チャンバーと排気

　基板を真空チャンバーに導入する方法としては，チャンバー全体を大気圧に戻して基板を導入するバッチ方式と，基板の真空引きおよび大気開放のための部屋を，成膜室とは別に設けるロードロック方式とがある．ロードロック方式においては，基板を真空下において成膜位置まで搬送するシステムが設置される．

　スパッタリング法による工業的な薄膜堆積においては，ロードロック方式が多用される．生産性の向上もその理由であるが，チャンバーを大気圧に戻したときにはがれ落ちたチャンバー内の堆積物が，その後のプロセスにおいて異物として基板に付着することを防ぐことも理由の一つである．高い応力をもつスパッタリング堆積物が大気にさらされると，膜はがれが発生する．はがれた膜が異物として，チャンバー内に導入された基板に付着し，薄膜製品としての不良となる．このため，チャンバー内を大気に戻さず，連続的に生産を行うことにより，膜はがれによる欠点の発生を防ぐ．

ロードロック方式の装置には，さらに，インライン式とクラスタ式の装置がある．

インライン式装置は，基板を真空引きするロード室と，薄膜堆積の終わった基板を大気中に戻すアンロード室とでスパッタリング室をはさみ込んだ構造となる．その模式図を図4.11に示す．図4.12に，外観写真を示す．基板は静止することなくカソード前面を通過しながら成膜される．異なる種類の薄膜を堆積する場合には，スパッタリングカソードを複数設置する．大型の装置においては，設置面積を小さくするために全体をコの字型に配置したりすることもある．インライン方式は，複数層の薄膜を短い工程時間で成膜するためには効率のよい方法であるが，装置が大型になるなどの短所がある．

クラスタ式の装置は，中央に基板を受け渡すための真空チャンバーを設置し，その周辺にロード/アンロード室（カセットステーション），基板予熱室，成膜室を配置

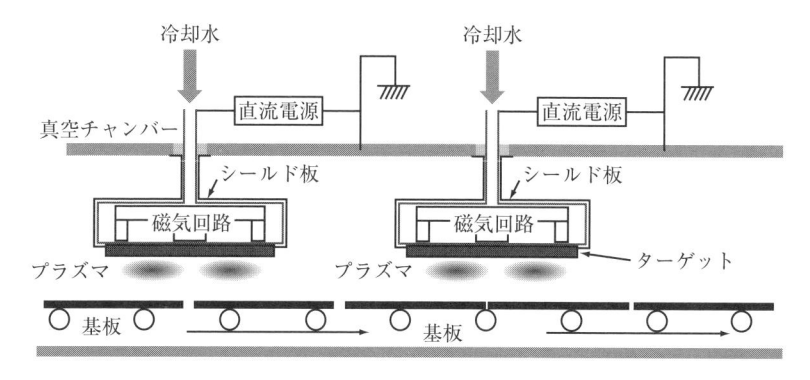

図4.11 インライン式スパッタリング装置の模式図

図4.12 ガラスコート用インライン式スパッタリング装置の外観写真
（VON ARDENNE Anlagentechnik GmbH, Dresden）

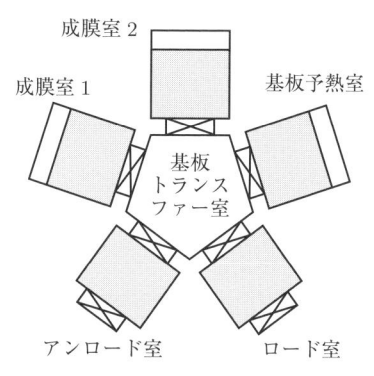

図4.13 クラスタ式スパッタリング装置の模式図

する。図 4.13 に，その模式図を示す．真空チャンバーに導入された基板は，一枚一枚成膜室へロボットアームにより搬送される．プロセスチャンバーを自由に配置できるため，プロセスの変更などに柔軟に対応できる．しかし，ロボットアームによる基板の受け渡しは，工程時間を長くする．シリコンプロセスやディスプレイデバイスのプロセスでは，第 5 章で述べる化学気相成長（CVD）法による薄膜堆積を行うチャンバーを複合化させた装置を用いる．

（2）アノードとカソード

アノードおよびカソードは，真空チャンバーの内部に向かい合わせに設置されるのが一般的である．直流放電においては，一方の極をカソード（陰極）とし，他方をアノード（陽極）とする．陽極は接地電位とされることが多い．基板は接地電位にある電極に置かれる．ハードディスクメディアのように，両面に成膜を行う場合には，カソードを向かい合わせ，その間に基板を設置し，一度に両面の成膜を行う．片面への成膜の場合にも，スループットを大きくし，かつ装置の設置面積を小さくするためにカソードを対向させ，両面同時に成膜するシステムとすることもある．

マグネトロン放電を行う場合には，4.6.2 項でも述べたように，カソード裏面に磁石を配置し，漏れ磁場によりプラズマを閉じ込める．

カソードの設置の方法には，インターナル型とエクスターナル型とがある．インターナル型においては，カソード全体を真空チャンバー内に設置する．電力の供給やカソードを冷却するための給排水なども真空ポートを介して行われる．一方，エクスターナル型では，カソード前面，すなわち，ターゲット部分が真空チャンバー内に設置されるが，背面側は直接大気側に開放される．

（3）シャッター・ノズル・圧力計

シャッター機構は，堆積膜厚の調整およびプレスパッタリング中に薄膜が基板に付着することを防ぐ目的で用いられる．基板を搬送しながら薄膜の堆積を行う場合には，シャッター機構は不要である．

放電ガスの導入ノズルは，カソード近傍に設置されることが多いが，真空チャンバー壁に近い適当な位置に設置されることもある．ガスノズルの設置位置は，堆積される薄膜の膜厚や膜質の分布に影響を与えることもあるので注意が必要である．

スパッタリング装置においては，放電時に測定の対象とする圧力領域がおおよそ 0.1〜10 Pa 程度である．したがって，真空室には，到達圧力を測定するためと，放電時の圧力を測定するためとの 2 種類の圧力計を設置することが多い．放電時の圧力領域をカバーする圧力計として，隔膜式圧力計（キャパシタンスマノメーター），あるいはいわゆる広帯域タイプの電離真空計を使う．電離真空計は，フィラメントの劣化が進みやすいことと，気体の種類に対して感度が異なるため，隔膜式圧力計を用

いるのが望ましい．

4.7.2 カソード

　ここでは，スパッタリング装置の心臓部ともいえるカソード機構について述べる．スパッタリング装置に使われるカソードの大きさには，25 mm 程度の円形の小型のものから 3 m を超えるような大型のものまである．また，代表的な形状として，平板型と筒型とがある．平板型は，さらに円形と矩形とがある．筒状のものでは，内部に磁石を設置してカソードを回転しながら使用するものと，筒の上下に磁石を設置して筒状のカソードは固定したままで使用するものとがある．前者は，シリンドリカルマグネトロンカソード方式とよばれ，広く使われるようになっているが，後者は，平行平板型カソードに比べて大きなメリットはなく，あまり使われていない．

　図 4.14 に平板型マグネトロンカソードの断面構造の模式図を，図 4.15 に矩形カソードと円形カソードの外観写真，および円形カソードを装置に組み込んだようすを示す．カソードは，ターゲットを取り付けるためのバッキングプレートとよばれる板と，磁石を設置するカソードのボックス部分，およびこのボックスを囲むグラウンドシールドからなる．ターゲットはバッキングプレート上に設置され，磁石はその背後に設置される．この磁石により形成された漏れ磁場が，ターゲット上にプラズマを閉じ込める．大型のカソードでは複数個の磁石を配置したり，磁石を回転，あるいは揺動したりすることにより，ターゲットの使用効率を高める．

　バッキングプレートは，通常，無酸素銅でつくられる．ターゲット材料はバッキングプレート上にインジウムはんだを使って止められるか，あるいは押さえ板を使ってねじ止めされる．バッキングプレートは背面から冷却され，ターゲットの加熱を防ぐ

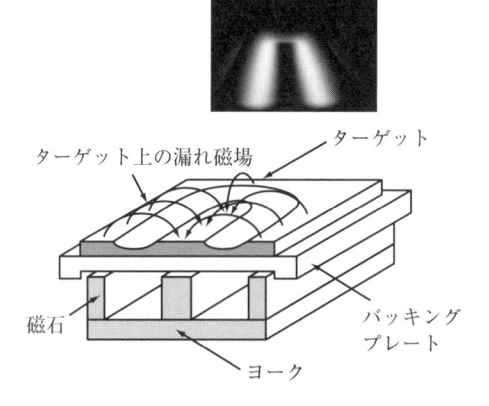

図 4.14　平行平板型カソードの模式図と放電のようす

(a) 矩形カソード

(b) 円形カソード　　(c) 装置に組み込まれた円形カソード

図4.15　平板型カソードの写真（AJA International 社技術資料より）

しくみとなっている．バッキングプレートに冷却水のチャネルを埋め込んだものもある．バッキングプレートはOリングシールを介して，カソードボックスに取り付けられる．同時に真空シールとなるために，大型のカソードの場合にはバッキングプレートに十分な強度をもたせることが必要となる．

　カソードボックスは，ステンレス製であることが多い．マグネトロンスパッタリング装置では，ボックス内には磁石が設置される．ボックス部分の背面には，冷却水および電力の導入系が取り付けられる．一般には，ボックス部分全体に電圧が印加されるが，ボックスはチャンバーと絶縁されている．絶縁材料には，ポリテトラフルオロエチレンPTFEなどを用いることが多い．なお，冷却水配管の絶縁を考慮する必要がある．また，水質が悪いと冷却水を通して電流が流れ，冷却水の差し込み部の電蝕を起こしたりする．

　カソードボックスを囲むグラウンドシールドは，ターゲット面以外での放電の発生を抑えるとともに，ターゲット前面における電場分布を調整するためのものである．グラウンドシールドはその名のとおり，接地電位とされている．グラウンドシールドと電圧を印加されるカソードボックスの間隔を，プラズマが形成されない距離（プラズマダークスペースの厚さ）以下とすることで，グラウンドシールドとカソードボックス間での放電を防ぐ．これにより，放電がターゲット前面のみで起こるようにな

る．グラウンドシールド部分の堆積物がはがれ落ちると，アーク放電やカソードの短絡の原因となる．堆積物がはがれにくい材質および表面形状とするとともに，必要であればグラウンドシールドも冷却するなどの配慮が必要である．

4.7.3 電　源
（1）　直流電源
　直流スパッタリング法においては，直流定電力あるいは定電流電源をスパッタリング電源とすることが可能である．たとえば，研究室規模などで簡単な実験を行う場合は，市販の直流電源を用いることができる．しかし，生産装置などでは，スパッタリングに対して専用の機能をもつ電源を用いる．スパッタリング用直流電源として市販されている装置には，種々の機能が備え付けられているが，スパッタリング電源としての最も大切な機能はアーク放電抑制機能である．これは，放電中にグロー放電が何らかの原因でアーク放電に移行した場合に，電力の印加を短期的に遮断し，異常放電が継続するのを防ぐものである．そのほかに，放電の立ち上げ時に，ターゲットの損傷を抑えるための電力を段階的に投入する機構や，放電部分のノイズが制御系に入らないようにする機構などが備えられている．

　マグネトロンスパッタリング装置用の直流電源として必要とされる最大出力電圧は，1000 V 程度である．出力電流値は，カソードサイズにより決まる．金属ターゲットを用いるスパッタリングにおいては，カソード $1\,\mathrm{cm}^2$ あたりに 20 W 以上の電力の投入が可能である．カソードの面積あたりに投入される電力を定めて，カソードの大きさに合わせて電源容量を決める必要がある．

（2）　高周波電源
　高周波電源を用いる場合には，整合回路（通常，マッチングボックスとよばれている）を介して，電源を電極につなぎ込む．マッチングボックスは，カソード直前に設置されることが多いが，カソードから 1 m 程度離れたところに設置してもよい．マッチング回路の設計は，負荷のインピーダンスの範囲を定めて行う．電源の大きさの設計は直流電源の場合と同様である．

　また，高周波電源の場合には，実際に放電電力として消費される電力と，電源などのモニター部に表示される電力は異なる．これは，高周波回路ではマッチング回路などにおいても大きな電力が消費されるためである．放電において消費される電力を正確に知るためには，電極直前での電力の測定が必要となる．

　高周波電源を使うためには，電波法にもとづいて高周波利用許可を申請する必要がある．電磁波が漏れると工場内や研究室内の機器に電気的障害を与えるおそれがあるため，日頃から十分な点検を行い，決して高周波が漏れないようにする．

4.7.4 基板ホルダー

　基板ホルダーは，基板を保持するための治具である．そのできの良し悪しが生産や研究開発の効率，あるいは得られる薄膜の物性などに大きく影響する．まず，基板ホルダーには，基板を適正に保持する機能がある．基板の形状に合わせてホルダーを設計することはもちろんであるが，基板加熱を行う場合には，その熱の流れを考慮し，できるだけ基板が均一に熱せられるようにしなければならない．また，基板および基板ホルダーの熱による膨張も考慮しなければならない．

　副次的な基板ホルダーへの要求として，膜物性に悪い影響を与えないことがあげられる．とくに，基板ホルダーから成膜中に発生するガスは，不純物としてすべて薄膜に取り込まれる．この量が少ない場合には，その影響を無視できるが，量が多くなった場合には，薄膜物性に影響を与える．また，脱ガスが多い場合には，真空引きの効率も悪くする．基板ホルダーに付着した堆積物が，はく離による成膜プロセスに及ぼす影響にも十分注意する必要がある．基板ホルダーは，通常は繰り返して使用されるために，堆積する薄膜の膜厚がどんどん厚くなる．このため，この膜がはがれ落ち，膜中に取り込まれたり異常放電を引き起こしたりする．基板ホルダーに付着した堆積物を適当な時点で取り除くことが必要であるが，堆積した膜がはがれ落ちにくい構造や，膜が付きにくいホルダー形状を考慮する必要がある．

　基板ホルダーの扱いやすさは意外と見落とされがちである．成膜を行う場合には，必ず基板の取り付けと取り外しを行い，また，最も膜が堆積しやすい部分に設置される治具であるので，基板の取り付けおよび取り外しを行いやすく，かつメンテナンスを行いやすい構造であることが必要である．

　基板にバイアス電位を加える場合には，電位が加えられている部分と接地電位にある部分との間で，放電が起こらないようにする必要がある．4.7.2項のカソードで述べたように，グラウンドシールドを用いることにより放電を防ぐ．電力導入部などでも，微少な放電が起こらないように十分に注意する必要がある．

4.7.5 ガス導入および圧力制御

　スパッタリングでは，通常は不活性ガスであるArを放電ガスに用いる．反応性スパッタリングにより化合物薄膜を作製する場合には，不活性ガスに加えてO_2やN_2などの反応性ガスを用いる．これらのガスをチャンバーに導入する際には，一般にはマスフローコントローラとよばれるガス流量制御装置を用いる．簡便なスパッタリング装置では，微小リークを制御できるバルブを用いてガスを導入する場合もあるが，この方式は再現性に乏しく，精密な膜物性制御が求められる場合には用いない．マスフローコントローラと同時に圧力制御機構を用いることもある．

マスフローコントローラは，気体による熱の輸送量を計測し，その値をフィードバックして気体の質量の移動を制御する．毎分100L以上という大きな流量を制御するものから，毎分1ccという微少流量を制御するものまである．マスフローコントローラの流量は，慣習的にsccmあるいはslmと表記される．これらはstandard cc per minute あるいは standard liter per minute を示し，標準状態（0°C，1気圧）にあるガスを毎分どれくらいの体積で流したかという値である．

真空ポンプによる排気が一定であれば，チャンバーに導入されるガス流量をマスフローコントローラにより一定に保つことにより，真空チャンバー内の圧力は一定に保たれる．たとえば，真空室内を基板が搬送される場合や，あるいは排気ポンプそのものの排気速度が不安定で圧力が変動する場合には，圧力制御によりチャンバー内の圧力を一定に保つ必要がある．しかし，これらは本質的にはポンプの性能，あるいはチャンバー設計の問題である．より安定したシステムの構築を考えるのであれば，ポンプの性能や排気口の位置をも含めた排気システム全体の安定性，信頼性を検討すべきである．

4.8　いろいろなスパッタリング法

スパッタリング法には，図1.6に示したように2極スパッタリング法，直流2極マグネトロンスパッタリング法，高周波2極マグネトロンスパッタリング法，イオンビームスパッタリング法，アンバランストマグネトロンスパッタリング法，パルスマグネトロンスパッタリング法，イオン化スパッタリング法，ロータリーマグネトロンスパッタリング法など多くの方法がある．スパッタリング法が広く工業的に応用されているために，薄膜とする材料や基板材質の特徴に応じた方法が開発された結果である．表4.1に，基本となる，2極スパッタリング法，直流2極マグネトロンスパッタリング法，高周波2極マグネトロンスパッタリング法，およびイオンビームスパッタリング法の特徴を示す．アンバランストマグネトロンスパッタリング法やロータリーマグネトロンスパッタリング法などは，直流マグネトロンスパッタリング法から派生した方法である．

4.8.1　2極スパッタリング法

2極スパッタリング法は，最も単純な装置構成をもつスパッタリング法である．古くから実用化されていたスパッタリング法であるが，放電電圧は高いが電流密度が低く，その結果としてスパッタリング法により発生する粒子の面積密度が低い．また，放電を維持するために必要な圧力が高く，10Pa程度である．放電圧力が高いこと

表4.1 基本的なスパッタリング法の長所と短所

方　法	長　所	短　所
2極スパッタリング法	・装置の構成が簡単である．	・放電を起こすために数kVという高い電圧が必要である． ・薄膜堆積速度が遅い． ・電気絶縁性のターゲット材料を使うことができない． ・2次電子が高いエネルギーで基板に入射するために，基板が加熱され，耐熱性のない基板への薄膜堆積が困難である． ・絶縁性の基板に対して薄膜を堆積する際に，放電が不安定となる． ・プラズマが不安定な場合には，膜厚および薄膜物性が不均一となる．
直流マグネトロンスパッタリング法	・放電電圧が数100〜1kVと，2極スパッタリング法に比べて低い． ・金属薄膜の堆積速度が2極スパッタリング法に比べて速い． ・基板への2次電子の入射が少なく，耐熱性でない基板の使用が可能である． ・2極スパッタリング法に比べて放電が安定していて，大面積の基板に対応できる． ・金属薄膜の堆積においてはプラズマが安定であるために，膜厚および薄膜物性の分布の均一性にすぐれる．	・電気絶縁性のターゲット材料を使うことができない． ・化合物薄膜の堆積速度が遅い． ・電気伝導性が低い化合物薄膜の堆積では，アノードの消失などにより放電が不安定になる． ・ターゲットの使用効率が50％以下と低い． ・陰極の構造が複雑となる．
高周波マグネトロンスパッタリング法	・電気絶縁性のターゲット材料のスパッタリングができる． ・電気伝導性が低い化合物薄膜の堆積においても，アノードの消失などの問題がなく，マイクロアークなどの発生が抑えられる． ・2極直流放電に比べて，プラズマ中の電子温度を高くすることができる．	・電源コストが高くなる． ・高周波電力の漏れなどへの対策が必要である． ・大面積・高速成膜への対応が困難である．
イオンビームスパッタリング法	・低い圧力での薄膜堆積が可能で，緻密で良好な物性をもつ薄膜を得ることができる． ・チャンバー中にプラズマを形成する必要がないので，不純物の混入が抑えられる． ・加速電圧などのイオンビーム条件を独立して制御することができる．	・大面積基板に対応できない． ・薄膜堆積速度が遅い．

は，スパッタリングされた粒子が放電ガスとの衝突により散乱され，かつそのエネルギーを失うことを意味する．したがって，薄膜堆積速度が遅く，かつ薄膜の物性にも劣る．これらの欠点を補うマグネトロンスパッタリング法が開発されてからは，生産にはほとんど用いられていない．

4.8.2 直流マグネトロンスパッタリング法

　マグネトロンスパッタリング法は，ターゲット近傍に磁場を印加して，電子をターゲット付近に閉じ込めることにより，放電電圧，放電圧力を下げるとともに，薄膜の堆積速度を大きくする方法である．マグネトロンスパッタリング法において，直流電源を放電電源として使う方法を直流マグネトロンスパッタリング法という．直流マグネトロンスパッタリング法には，筒状のカソードを用いる円筒カソード型と平板のカソードを用いる平板型とがある．ここでは平板型の装置を前提として直流マグネトロンスパッタリング法について述べる．筒状カソードを用いるシリンドリカルロータリーマグネトロン法については，4.8.8項で述べる．アンバランストマグネトロンスパッタリング法あるいはパルスマグネトロンスパッタリング法も，直流マグネトロンスパッタリング法から派生したスパッタリング法である．

　直流マグネトロンスパッタリング法の大きな特徴は，放電電圧を低く保ったまま，放電電流の密度を高くできる点にある．2極スパッタリング法においては，放電電流を大きくしようとすると急速に電圧が高くなり，一般には数kVの高電圧が放電の維持に必要となる．直流マグネトロンスパッタリング法においては，放電電圧があまり高くならずに放電電流が大きくなる．

　直流マグネトロンスパッタリング法では，放電圧力は 0.1 Pa 程度まで下げることができる．放電圧力が低いと粒子の平均自由行程が大きくなり，スパッタリングされた粒子は放電ガスに散乱を受けずに基板に到達することができる．したがって，大きなエネルギーをもった粒子が基板に到達するので緻密な薄膜が形成され，また，散乱による薄膜堆積速度の低下も見られない．

　磁界によりプラズマを閉じ込めるために，プラズマがアノード形状により大きな影響を受けないことも，直流マグネトロンスパッタリング法の特徴である．2極スパッタリング法では，プラズマがアノード位置やアノード形状，さらにはアノードの表面状態に大きく影響される．そのため，2極スパッタリング法では，アノード表面の時間的な変化や，基板の搬送によるアノード面積の変化により，プラズマの状態が大きく変わる．直流マグネトロンスパッタリング法では，放電の閉じ込め効果が大きく，アノードをカソードに対向した位置に置く平行平板型の装置においても，グラウンドシールドなどカソード近傍の壁面がアノードの役割を果たす．さらに，アノード側の

状態が変化してもプラズマは磁場により閉じ込められるために，均一性などにおいて大きな影響を受けない．したがって，直流マグネトロンスパッタリング法では，電気的に絶縁された基板をカソードに対向して搬送した場合にも，プラズマの状態が大きく変わることがなく，その結果として安定した膜厚分布や膜質の均一性が得られる．

プラズマの閉じ込め効果は，基板温度の上昇の抑制という効果も生む．2極スパッタリング法では，プラズマが広がるとともにターゲット表面から放出された2次電子がプラズマシースで加速され，大きなエネルギーをもって基板表面に到達する．この2次電子が基板を加熱する．したがって，プラスチック基板などの耐熱性に劣る基板に薄膜を堆積することはできなかった．一方，直流マグネトロンスパッタリング法では，大きなエネルギーをもつ2次電子はターゲット近傍に閉じ込められるために，基板に入射する電子は基本的には小さなエネルギーのみをもつ．しかし，基板がターゲットに著しく近い場合には，大きなエネルギーをもつ電子の基板への入射が起こりえる．基板温度の上昇が問題となる場合には，基板をターゲットから離す必要がある．10〜20 cm程度の距離があれば，基板の温度上昇はかなり抑えられる．

直流マグネトロンスパッタリング法においては，ターゲットが均一にスパッタリングされない．すなわち，ターゲットの減り方が一様とはならずに，エロージョンとよばれる溝状となる．これは，磁場によるプラズマ閉じ込め効果の結果である．通常は，漏れ磁場のターゲットに平行な成分が最も強い部分が最も深く掘れる．この不均一は膜厚分布の不均一とともに，ターゲット使用効率の低下を引き起こす．マグネットを揺動するなどの工夫をしなければ，直流マグネトロンスパッタリング法ではターゲットの使用効率は40%程度である．酸化物ターゲットのようにターゲットのコストが大きい場合には，ターゲット使用効率を改善することによりターゲットコストの大きな改善が可能となる．カソードに対向する位置に基板を置いて薄膜を堆積した場合に，たとえば残留応力がエロージョンに対向する位置で大きくなることがある．これは，膜厚分布の影響とともに前方散乱Arの影響であることが多い．前方散乱Arとはターゲットに大きなエネルギーをもって入射したArがそのエネルギーを失うことなく，弾性的に反射されたものである．前方散乱Arの入射は，エロージョンが深く掘れているところに対向する部分で最も多くなる．したがって，この部分で応力が大きくなる．

4.8.3 高周波マグネトロンスパッタリング法

マグネトロンスパッタリング法において，高周波電源を使う方法を高周波マグネトロンスパッタリング法という．カソードの構造などは直流マグネトロンスパッタリング法と大きく変わらない．電源とカソードの間に，コイルとコンデンサからなるマッ

チング回路とよばれるインピーダンスの整合をとり，駆動電極への投入電力を最大にするための回路が接続される．金属ターゲットを用いる場合には，直流成分を遮断する必要があるが，通常はマッチング回路の可変コンデンサがこの役割を果たす．

　直流マグネトロンスパッタリング法による磁場の閉じ込め効果は，本来，ターゲット前面における直流電界と磁場によるものであるが，高周波スパッタリング法における磁場によるプラズマ閉じ込め効果は，ターゲットに発生した直流成分である自己バイアスによる．そのため，高周波マグネトロンスパッタリング法では，直流マグネトロンスパッタリング法ほどのプラズマ閉じ込めの効果はなく，プラズマはチャンバー内に広がりやすくなる．エロージョン形状も直流の場合に比べるとなだらかな形となる．

　高周波マグネトロンスパッタリング法によるマグネトロンの効果は，電子密度の増加と自己バイアス電圧の低下に現れる．電子密度の増加は放電条件に依存するが，ターゲットに近い部分でおおよそ5倍程度である．直流マグネトロン放電における電子密度の増加に比較すると著しく小さい．自己バイアス電圧は磁場の印加により数100Vまで低下する．磁場の印加がない場合には，自己バイアス電圧は1kV近くであり，前方散乱ガス原子による薄膜へのダメージの原因となる．磁場印加により，前方散乱ガス原子による薄膜へのダメージが抑制できる．

　マグネトロンスパッタリング法は，ターゲットが均一にスパッタリングされないという欠点があるが，低圧力，低電圧，大きな薄膜堆積速度という利点が大きく，今日の工業において実用化されているスパッタリング法のほとんどがマグネトロンスパッタリング法である．本項以降で説明するスパッタリング方法では，イオンビームスパッタリング法以外はすべてマグネトロンスパッタリング法から派生したものである．

4.8.4　アンバランストマグネトロンスパッタリング法

　アンバランストマグネトロンスパッタリング法とは，マグネトロンスパッタリング法において磁場を不つり合いとすることにより，プラズマを基板方向へ広げたものをいう．その模式図を図4.16に示す．

　通常のマグネトロンスパッタリング法（図(a)）では，内側の磁石の強さと外側の磁石の強さがつり合っており，磁力線は閉じられた形となっている．それに対してアンバランストマグネトロンスパッタリング法（図(b)）では，一方の磁石を他方に対して強くする．これにより，電子に対する閉じ込め効果が弱くなり，電子は磁力線に沿ってターゲット前面の遠方へ逃げていくような形となる．イオンも，電子を追いかける形で広がっていくために，プラズマ全体が広がったような形となる．ターゲット前面に置かれた基板は，バランストマグネトロンスパッタリング法ではプラズマにさ

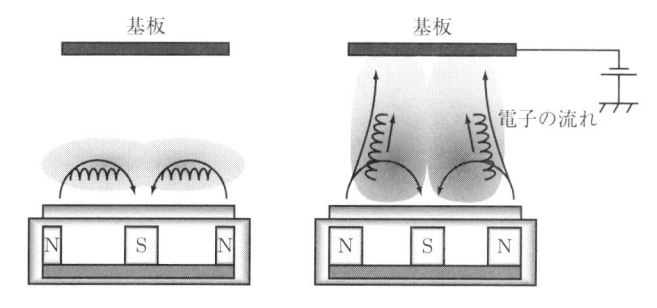

4.8 いろいろなスパッタリング法

（a）平衡磁場
（バランストマグネトロン）

（b）非平衡磁場
（アンバランストマグネトロン）

電子の流れ

図4.16 アンバランストマグネトロンスパッタリング法の模式図

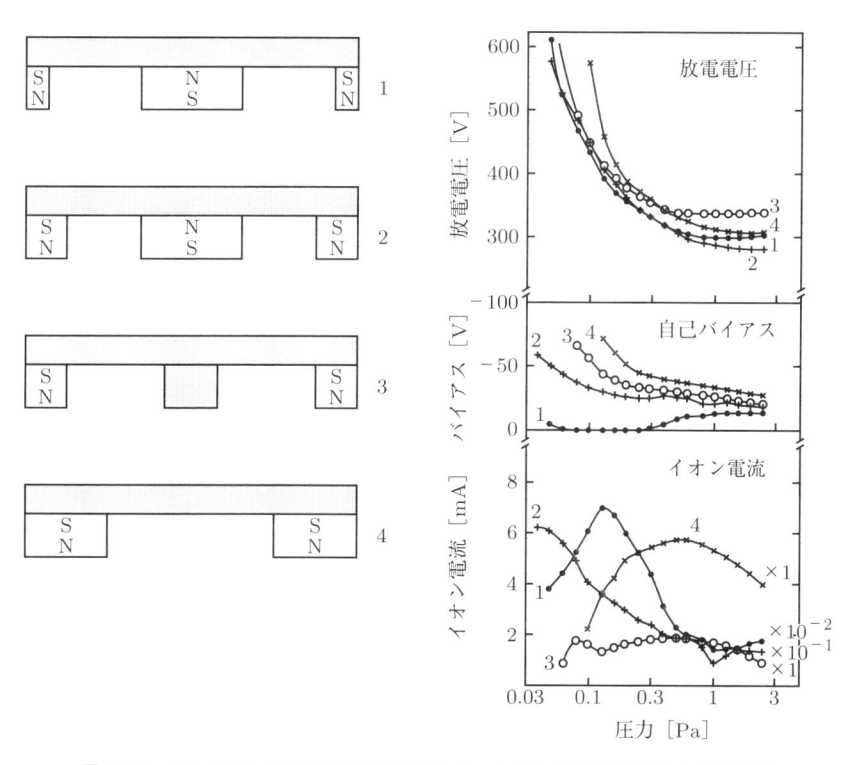

図4.17 アンバランストマグネトロンスパッタリング法におけるイオン電流
（参考文献（7）より）

らされることはない．アンバランストマグネトロンスパッタリング法ではプラズマが基板近傍まで大きく広がるため，基板がプラズマにさらされる．これにより，基板に到達するイオンの量およびエネルギーともに大きくなり，イオン照射による膜質の改善効果が顕著になる．基板バイアスを印加すればさらに大きな効果が得られる．図

4.17 に，アンバランストマグネトロンスパッタリング法によるイオン電流の測定例を示す．磁場配置を変えることにより，基板に流れ込むイオン電流を制御できる．

4.8.5 パルスマグネトロンスパッタリング法

パルスマグネトロンスパッタリング法とは，100 kHz 程度の周波数をもつ電源を用いるスパッタリング法をいう．次節で述べる反応性スパッタリング法において，エロージョン周辺部に堆積した絶縁物の帯電に起因する，異常放電を防ぐ目的で開発された方法である．

（1） 絶縁物による異常放電

絶縁性堆積物による異常放電の発生のモデルを，図 4.18 に示す．反応性スパッタリング法においては，ターゲットのエロージョン部分は常にスパッタリングが起こるため金属状に保たれている．しかし，エロージョン周縁部はスパッタリングされないため，この周縁部に絶縁物が堆積していく．絶縁物表面はイオンの入射を受け，正に帯電していく．直流スパッタリング法では，ターゲットは負にバイアスされているため，絶縁物上の電位とカソード電位に大きな電位差が生じる．ある限界を超えると絶縁物上に貯まった電荷とカソード表面間で絶縁破壊を起こし，カソード表面に電荷が流れ込む．この際，放電の集中が起こり，放電がグロー放電からアーク放電になる．電源側で急激な電圧の低下を感知し，いったん，放電を止めるが，放電がアーク状態になることで，微粉末が飛散し，基板上に異物として堆積する．この異常放電を抑制するのがパルス放電である．

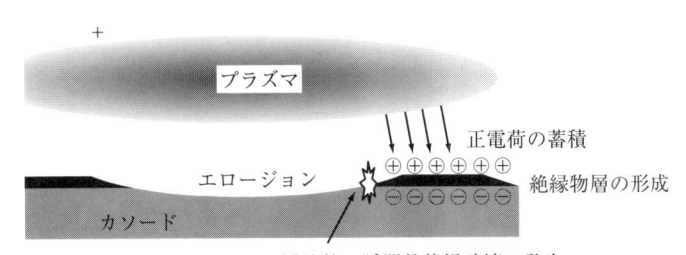

図 4.18 絶縁物層の形成にともなう異常放電の発生モデル
（参考文献（8）および（9）を参考に作成）

（2） パルススパッタリングの効果

ターゲット表面の電荷の変化は，周波数が MHz の領域の電場の変化には追随することができないが，周波数が 100 kHz 程度であれば追随することができる．したがって，100 kHz 程度の周波数をもつ正負の電圧をターゲットに印加すると，負バイアス

では通常の直流スパッタリング法と同様にスパッタリングが起こるが，正バイアスではターゲット表面も正に帯電し，絶縁物上の正の帯電は逆に中和されることになる．これによって，アーク放電の発生による異物の飛散を防ぐことができる．パルススパッタリングにおけるターゲット印加電圧の時間変化と，それにともなうプラズマ電位，電子温度，および電子密度の変化を図 4.19 に示す．$0 \sim 8\,\mu s$ の時間では，ターゲットに正の電圧が印加されており，$8 \sim 20\,\mu s$ の時間では，ターゲットに負の電圧が印加されている．ターゲットに負の電圧が印加されている時間においては，プラズマ電位は数 V であり，直流スパッタリングによるプラズマ電位とほぼ等しい．ターゲットの電位が正となる時間においては，プラズマ中の電子が急激に失われるために，プラズマ電位が高くなる．電子温度も高くなるが，この時間においてはその分布はマクスウェル分布からは外れていると考えられる．パルススパッタリング法では，この正電位の印加と負電位の印加が繰り返される．

　2本のターゲットを用意し，これらを一対として正負の電位を 100 kHz 程度の周波数で交互に印加する方法を，中周波（MF）あるいは交流（AC）デュアルスパッタリング法という．常に一方のターゲットがアノードの役割を果たすために，カソード周辺への絶縁物の蓄積によるアノードの消失，および大型基板向けに数本のカソードを設置した装置におけるアノードの安定的確保を考えなくてよい．したがって，4.9 節で説明する反応性スパッタリング法と組み合わせることで，電気的に絶縁性の薄膜

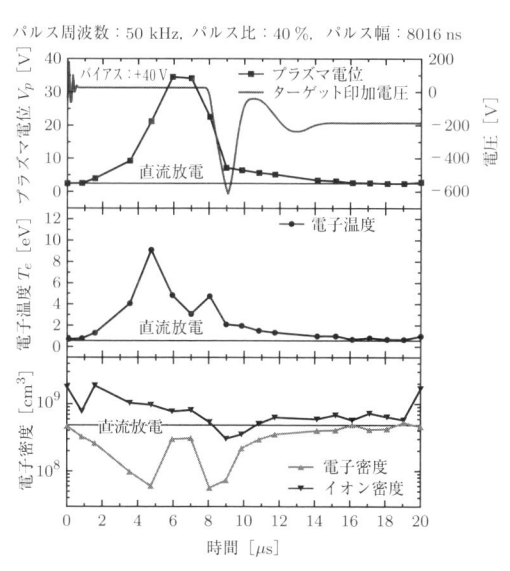

図 4.19　パルススパッタリング法における印加電圧の変化と，それにともなうプラズマポテンシャル，電子温度，および電子密度の変化（参考文献（10）より）

を大面積基板上に堆積するときに，放電を安定化できるという利点がある．液晶ディスプレイ用向けの大型基板に，透明導電膜の In-Sn 酸化物，あるいは太陽電池用 ZnO：Al 薄膜などを堆積する装置などに使われている．

4.8.6 イオン化スパッタリング法

4.5 節で述べたように，スパッタリング法は，基板に到達する原子のイオンの割合が低い．これを大きくする方法がイオン化スパッタリング法である．元来は，LSI 作製プロセスにおいて，ビアホールとよばれる層間のコンタクト用の孔や溝の深さと，開口部の面積の比率（アスペクト比）が大きくなり，一般のスパッタリング法では，これらの孔や溝の底の部分に，金属薄膜をすきまなく堆積させることが困難となり，これを解決する手法として開発された．図 4.20 に示したように，イオンはシースによって基板表面に垂直に運動の方向を変えることにより，深い孔の底にまで到達できるようになる．一方，中性の原子は，基板表面にランダムに入射する．こうして，イオンの分率を高めることにより，入射粒子の方向性をそろえることができる．

イオン化スパッタリング装置の模式図を，図 4.21 に示す．通常は，カソード前面に高周波電力を印加するコイルを設置する．スパッタリングターゲットには，直流あるいは高周波のいずれを印加してもよい．コイルに高周波電圧を印加すると，誘導放電によりプラズマが発生する．スパッタリングされた粒子は，この誘導放電により形成されたプラズマ中を通過して，基板へと飛んでいく．このプラズマを通過中に原子がイオン化される．基板に到達する原子のイオン分率を，図 4.22 に示す．イオン分率は，放電電力やガス圧力に依存するが，数 10 〜 80% 程度であるとされている．LSI 作製プロセスにおいては，基板に負バイアスを印加することにより，イオンの入

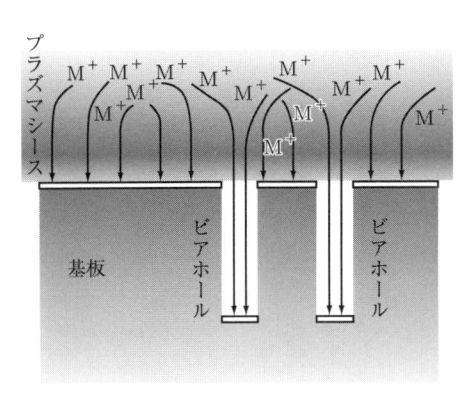

図 4.20 イオン化スパッタリング法によるビアホールへの薄膜堆積の模式図（M^+ は金属イオン）

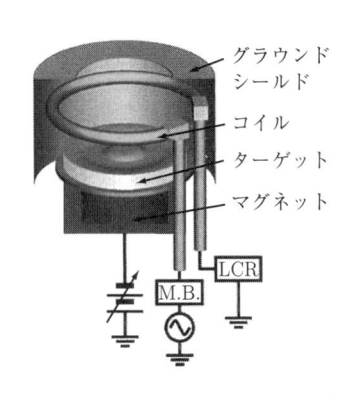

図 4.21 イオン化スパッタリング装置の模式図

射方向をそろえ，孔や溝の底に導いていく．これにより，孔や溝の側壁への薄膜の堆積を防ぐ．

通常の薄膜堆積においても，イオン化スパッタリング法を用いると，その構造が大きく変わることが報告されている．これは，イオン分率が大きくなることにより，薄膜の成長中に基板に輸送されるエネルギーが大きくなるためである．

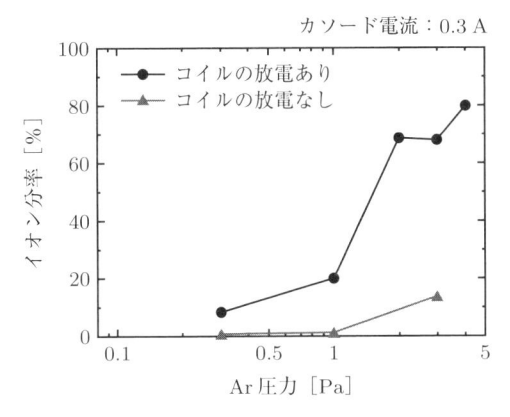

図4.22 Tiのイオン化スパッタリング法におけるイオン分率（参考文献（11）より）

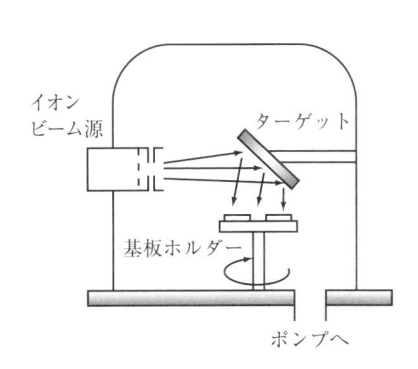

図4.23 イオンビームスパッタリング装置の模式図

4.8.7 イオンビームスパッタリング法

イオンビームスパッタリング法は，ターゲットに加速されたイオンビームを照射してターゲット材料をスパッタリングし，これを基板上に堆積させる方法である．装置の模式図を，図4.23に示す．真空装置内にターゲット，イオンビーム源，そして基板を設置する．イオンビーム用のガスには，通常はArを用いる．一般には，ビーム源として高周波放電を用いたバケットタイプイオン源を用いる．イオンビームの引き出し電圧は数kV程度で，イオン電流密度は数mA/cm^2程度である．絶縁性のターゲット材料を用いる場合には，ターゲットに電子ビームを同時に照射し，ターゲットの帯電を防ぐ．

プラズマを用いるスパッタリング法と異なり，成膜室を高真空（低い圧力）に保てるため，スパッタリング法本来の大きなエネルギーをもつ粒子による薄膜堆積プロセスという特徴をいかすことができ，良好な膜質の薄膜を堆積できる．反面，イオンビームによりターゲット材料をスパッタリングするために，大面積化に適さないという欠点がある．また，ビーム電流の大きさに制限され，薄膜堆積速度もあまり大きくはできない．

イオンビーム源を2基設置し，基板上にもイオンビームを照射し，薄膜の構造制

御を同時に行うという方法もあり，これをデュアルイオンビームスパッタリング法という．

イオンビームスパッタリング法は，高精度に堆積速度を制御しながら，高品質の薄膜を形成できるという特徴をいかして，レーザ光用の光学フィルターなどの作製に用いられている．

4.8.8　ロータリーマグネトロンスパッタリング法

ロータリーマグネトロンスパッタリング法とは，回転が可能な筒型ターゲットを用いるマグネトロンスパッタリング法のことをいい，回転陰極型スパッタリング法ともよばれる．陰極の外観を図 4.24 に，陰極部の断面構造の模式図を図 4.25 に示す．ターゲットチューブの内径は，100 ～ 150 mm 程度が一般的である．カソードは，エンドブロックとよばれる支持基材により保持される．カソードは，10 rpm 程度の回転数で回転する．放電はマグネトロン前面で発生する．生産機では，パルス放電あるいは交流放電が用いられることが多い．

回転陰極を用いる利点には，大きく分けて二つある．一つはマイクロアーキングとよばれるターゲット上でのマイクロアーキング（小規模アーク放電）の抑制である．マイクロアーキングは，反応性スパッタリングにより金属化合物を堆積するプロセスにおいて，ターゲット上の非エロージョン部に堆積する絶縁膜上に蓄積した電荷が，ターゲットエロージョン部に対して流れ込むことによる放電をいう．ロータリーマグネトロンスパッタリング法においては，端部を除いて非エロージョン部が形成されないために，このマイクロ放電が起こりにくくなる．この方法を用いることで，反応性スパッタリングや化合物ターゲットを用いたスパッタリング法におけるマイクロアー

図 4.24　ロータリーマグネトロンスパッタリングカソードの外観写真
（VON ARDENNE Anlagentechnik, Dresden, Germany）

図 4.25　ロータリーマグネトロンスパッタリングカソードの断面構造の模式図

クが抑制される．投入可能な電力を大きくする効果ももたらすので，薄膜堆積速度も高くなる．もう一つの利点は，ターゲットの使用効率である．平板型マグネトロン放電では，エロージョンが形成されるのでターゲットの使用効率が40％程度に留まる．ロータリーマグネトロンスパッタリング法では，エロージョンが形成されないために，ターゲットの使用効率を85〜90％程度に高めることができる[12]．筒型ターゲットは，平板型ターゲットに比べてコスト高にはなるが，使用効率が高まることにより，これが相殺される．

ガラス基板やプラスチックフィルムなどへの化合物薄膜の大面積コーティングにおいてはロータリーマグネトロンスパッタリング法の利点が大きく，その使用が多くなってきている．

4.9 反応性スパッタリング法

(1) 反応性スパッタリング法とは

反応性スパッタリング法とは，金属ターゲットから金属原子をスパッタリングし，これをO_2やN_2などの活性なガスと反応させることにより，化合物薄膜を基板上に形成する方法である．扱いやすく，安価な金属ターゲットを用いて，高融点の化合物薄膜を作製できるため，広く用いられている方法である．化合物ターゲットを用いて，たとえばTiNにおいてTiとNの組成比が1対1であるという化学量論組成比をもつ薄膜を得るため，あるいは電気的物性や光学的物性を制御するために放電ガスに活性ガスを加える方法も反応性スパッタリングの一つである．

反応性スパッタリング法により作製される代表的な化合物の組合せを，表4.2にまとめる．酸化物，窒化物，および炭化物薄膜が代表的な例である．TiNやWCなど高い融点をもつ薄膜を容易に形成できるという点においては，反応性スパッタリング法はまさにスパッタリング法の利点を生かした方法である．

(2) 反応性スパッタリング法の特徴

反応性スパッタリング法の大きな特徴は，薄膜堆積速度が遅いことである．とくに，酸化物薄膜作製時の薄膜堆積速度は，蒸着法や化学気相成長法と比べて著しく遅い．酸化物薄膜のスパッタリング法による堆積が，その物性面や安定性などから工業的に期待される方法でありながら，なかなか実用化されない理由が，この薄膜堆積速度の遅さにある．

(3) ヒステリシス現象

反応性スパッタリング法において，放電電流を一定にしておき反応性ガス流量を増減させた場合に，図4.26に示したヒステリシス現象を示す．反応性スパッタリング

表4.2 反応性スパッタリング法により作製される薄膜の例

反応性ガス ターゲット	O_2	N_2	NH_3	CH_4	C_2H_2
Cr	Cr_2O_3	CrN	CrN	Cr_3C_2	Cr_3C_2
Hf	HfO_2	HfN	HfN	HfC	HfC
Nb	Nb_2O_5	NbN	NbN	NbC	NbC
Si	SiO_2	Si_3N_4	Si_3N_4	SiC	SiC
Sn	SnO_2	—	—	—	—
Ta	Ta_2O_5	TaN	TaN	TaC	TaC
Ti	TiO_2	TiN	TiN	TiC	TiC
V	VO_2, V_2O_5	VN	VN	VC	VC
W	WO_3	WN	WN	WC	WC
Zr	ZrO_2	ZrN	ZrN	ZrC	ZrC

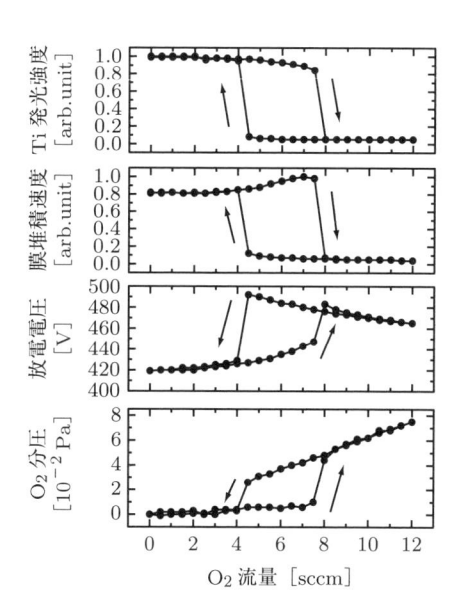

図4.26 反応性スパッタリング法におけるヒステリシスの形成
(参考文献 (13) より)

法におけるプロセスの変化は，ターゲット表面に形成された化合物の薄い層の影響によるものである．化合物層の堆積により，スパッタリング率が減少し，スパッタリングにより気相に放出される金属量が減少するために，金属との反応により消費される

反応性ガスの量が減少する．いったん，ターゲット表面に化合物層が形成されると，スパッタリング率は低いままとなり，反応性ガス流量を減らしても，反応性ガスの消費量は小さいままとなる．この反応性ガスの消費量の差のために，化合物層が形成される反応性ガス流量と，除去されるガス流量に差が生じ，ヒステリシスが生じる．図4.26に示した，Ti 原子からの発光強度の反応性ガス流量の増減に対する変化が，これを示している．薄膜堆積速度は主にスパッタリング率に依存するために，Ti 発光強度の変化とほぼ同様な変化を示す．O_2 分圧は，Ti による O_2 消費速度の変化に応じてヒステリシスを示し，放電電圧は，ターゲット表面の 2 次電子表出係数およびプラズマ気体の組成変化に依存するために，やはりヒステリシスを示す．通常の化合物薄膜の作製は，ターゲット表面にプロセスを安定させるのに十分な化合物層が形成されている反応性ガス流量で行うので，このヒステリシス形成は大きな問題ではない．薄膜堆積の高速化あるいは膜物性の制御などの必要性から，ヒステリシス周辺の反応性ガス流量において薄膜を堆積する場合には，ヒステリシスがプロセスの安定性を損ねることになる．

(4) 反応性スパッタリング法により堆積された薄膜の構造

反応性スパッタリング法により堆積された薄膜は，金属薄膜と同様に柱状構造を示す．化合物薄膜は，一般には融点が高いので，疎な柱状構造をつくりやすい．また，反応性ガス圧力が高い場合には，不活性ガス圧力が高い場合と比較して疎な柱状構造をつくりやすくなる．

4.10 スパッタリング法により堆積された薄膜の構造と物性

スパッタリング法による薄膜堆積は非平衡プロセスであり，かつ低温で行われることが多い．したがって，堆積された薄膜が繊維状あるいは柱状とよばれる，すきまの多い構造をもつ．薄膜構造は，基板温度に依存すると同時に，放電ガス圧力にも依存する．これは，スパッタリングにより気化された高いエネルギーをもつ粒子が，輸送過程において冷却されるため，基板到達時の粒子エネルギーが放電ガス圧力により影響されるためである．スパッタリング法による薄膜堆積においては，薄膜の構造が放電圧力やプラズマに影響されることを考慮する必要がある．

スパッタリング法により作製された薄膜の構造モデルとして，J.A.Thornton により提唱されたモデルがよく知られている．このモデルを図 4.27 に示す．蒸着薄膜に対して提唱された Movchan-Demchishin のモデルを拡張したモデルである．一つの軸に薄膜材料の融点で規格化された基板温度をとり，もう一方の軸に圧力をとっている．規格化された基板温度を軸として，構造を四つの領域に分けている．

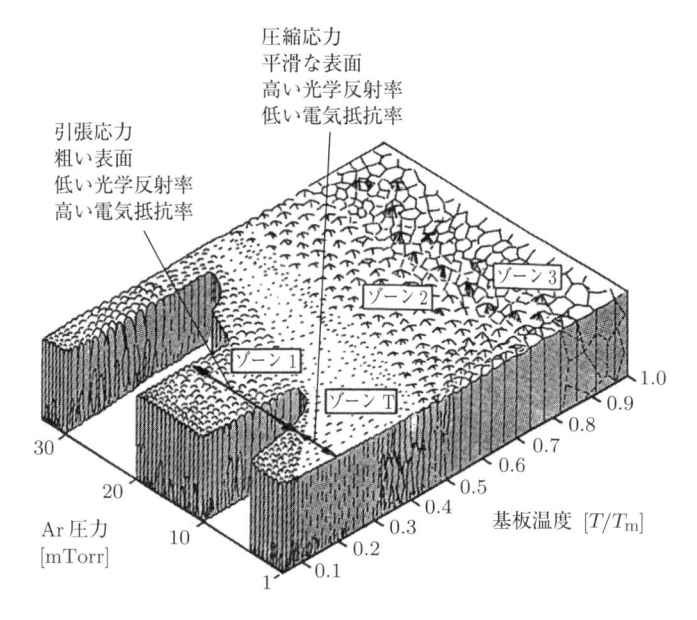

図4.27 スパッタリング薄膜構造のThorntonモデル（参考文献（14）より）

ゾーン1に分類されている部分は，T/T_m（基板温度/薄膜材料融点）が0.1程度までの領域で，膜の構造は疎な繊維状あるいは柱状とよばれる構造となる．結晶化はあまり進んでおらず，ほぼ無定形である．表面は繊維が立ったような状態になっており，粗さは大きくなる．この領域において気体圧力が高い場合には，さらに著しく疎な構造をもつ薄膜が形成される．

T/T_mが0.1～0.3の領域は遷移領域（図中のゾーンT）で，柱状構造から密な構造へと変わっていく途中の領域とされている．結晶化が十分に進んでおらず，また，結晶粒も大きくはならないが，表面は滑らかとなる．気体圧力が高い場合には，ゾーンTの領域が，基板温度が高い側にシフトする．

ゾーン2は，T/T_mが0.3～0.7の領域で，結晶化が進んできており，膜は緻密になってくる．結晶の成長にともなう面の構造が表面に現れてくる．ゾーンTに比べると表面の粗さは大きくなってくる．ゾーン2では，基板温度が薄膜の成長を支配するため，気体圧力の影響を受けにくくなってくる．

ゾーン3は，T/T_mが0.7～1の領域で，薄膜は配向性を示さない多結晶体となり，柱状構造をもたなくなる．配向性が残っている場合には，表面には結晶面が現れる．無配向であれば表面に特定の面が現れることはなくなる．この領域では，薄膜の構造は気体の圧力にほとんど影響を受けず，基板温度による原子の表面拡散が薄膜構造を決める．

薄膜物性は，薄膜の構造に大きく影響される．金属薄膜であれば，構造が疎な場合には電気的な抵抗率が大きくなり，また，表面の荒れのために正反射における反射率が低下する．酸化物薄膜では，誘電率の低下や屈折率の低下が起こる．薄膜において避けて通ることのできない問題に，内部応力の発生があるが，緻密な膜では圧縮応力が強く，疎な膜になると弱い引張応力となることが一般的な傾向である．基板温度が高い場合には，熱平衡に近い状態で薄膜が堆積されるために，内因性とよばれる薄膜独特の応力は小さくなる傾向があるが，基板温度が低い場合，たとえば，抵抗率の低い膜を得ようとして低い気体圧力で緻密な構造をもつ薄膜を形成すると，大きな圧縮応力をもつことになる．

第5章 化学気相成長法

薄膜の原料を気体の形で供給し，これを熱やプラズマのエネルギーで分解し，金属薄膜あるいは化合物薄膜として基板上に堆積させる方法を，化学気相成長法（CVD法）とよぶ．化学気相成長法は，LSI や LED などのデバイス作製，さらには刃物や機械工具へのハードコーティングまで，幅広く使われている薄膜作製技術である．本章では，CVD 法の原理，CVD 法における化学反応，CVD 装置とそれを使う際の留意点，また有機金属気相成長法など，各種の CVD 法について述べる．

5.1　化学気相成長法とは

化学気相成長法は，薄膜の原料を気体の形で堆積室に供給し，これを熱あるいはプラズマのエネルギーなどで分解し，金属薄膜あるいは化合物薄膜として基材の表面に堆積する方法である．英語では Chemical Vapor Deposition とよばれるため，CVD 法と略されることが多い．また，化学蒸着法とよばれることもある．

CVD 法は，原料ガスの基板上への輸送，原料ガスの基板上での分解，薄膜の堆積，反応副生成物の排気というプロセスからなる（図 5.1 参照）．たとえば，CVD 法により TiC 薄膜を作製する場合には，

$$TiCl_4（気体）+ CH_4（気体）\rightarrow TiC（固体）+ 4HCl（気体）$$

という反応により，TiC は薄膜として基板上に堆積し，HCl は反応副生成物として排気される．CH_4 ガスに代えて N_2 ガスあるいは NH_3 ガスを用いれば，TiN 薄膜が作製される．また，反応性ガスを導入しなければ，金属薄膜が形成される．代表的な原料ガスと堆積物の組合せを，表 5.1 にまとめる．原料ガスは，一般にはキャリアガスとよばれる不活性なガスと混合され，あるいは液体原料の場合には，キャリアガスをその液中に吹き込むことにより気化され，チャンバーへと流される．キャリアガスと

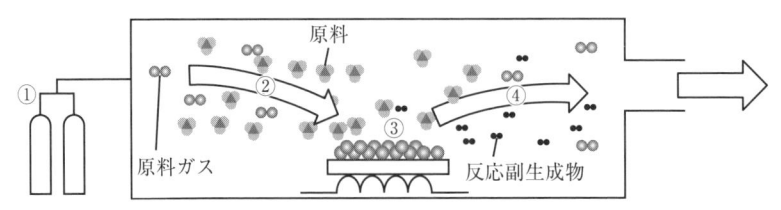

①原料ガスの供給　②原料ガスの輸送　③基板表面での反応（薄膜堆積）　④反応副生成物の排気（除去）

図 5.1　CVD 法の模式図

表 5.1 CVD 法における代表的な原料ガスと堆積物の組合せ

原料ガス	反応性ガス							
	無し	H_2	$O_2 + H_2$	H_2O	CH_4	C_xH_y	$N_2 + H_2$	NH_3
SiH_4	Si	—	SiO_2	SiO_2	—	$SiC(C_3H_8)$ $SiC(C_6H_6)$	Si_3N_4	Si_3N_4
$SiCl_4$	—	Si	SiO_2	SiO_2	—	—	—	Si_3N_4
$TiCl_4$	—	Ti	—	TiO_2	TiC	$TiC(C_3H_8)$	TiN	TiN
$SnCl_4$	—	—	SnO_2	SnO_2	—	—	—	—
$AlCl_3$	—	—	Al_2O_3	—	—	—	—	AlN
$HfCl_4$	—	—	—	—	HfC	$HfC(C_3H_8)$	HfN	HfN
$ZrCl_4$	—	—	—	ZrO_2	ZrC	$ZrC(C_3H_8)$	ZrN	ZrN
WF_6	—	W	—	—	W_2C	—	—	—

[注] 文献 (1) ～ (6) を参考に作成.

して Ar ガスあるいは He ガスを用いることが多い．

CVD 法は原料ガスの分解方法により，

① 熱 CVD 法
② プラズマ CVD 法
③ 光 CVD 法
④ レーザ CVD 法

などに分類される．熱 CVD とは，原料ガスの分解に熱エネルギーを使う方法であり，同時に薄膜も加熱された基板上に堆積していく．熱 CVD 法においては，反応の圧力により常圧 CVD と減圧 CVD に分類される．常圧法においては真空排気装置が不要であるが，膜厚や膜質の均一性が得にくく，さらに原料の輸送の制御ができないという短所がある．したがって，熱 CVD 法においても，圧力を数 100 Pa 程度に減圧することが多い．プラズマ CVD 法，光 CVD 法，およびレーザ CVD 法は，原料ガスの分解にプラズマ（高いエネルギーをもつ電子）あるいは光を補助的に使う方法である．

スプレー法は，CVD 法に似てはいるが，液相成長法の一種である（図 1.6 参照）．スプレー法では，薄膜となる原料を微小な液滴の形で噴霧して，基板上で反応を起こすことにより薄膜を形成する．液滴の大きさは数 $10\,\mu m$ 程度であり，形成される膜も $100\,\mu m$ 程度の厚さをもつ膜となる．また，CVD 法と比べて表面の粗さも大きくなる．

5.2 CVD法の応用

　CVD法のように，多用途に使われている薄膜作製技術はない．LSI あるいは電子デバイスから，装飾用コーティング，ハードコーティング，あるいはフィルムコーティングまで広い範囲で用いられている．

　LSI あるいは電子デバイスにおける応用においては，Si，窒化ケイ素 Si_3N_4，あるいは W 薄膜の堆積に広く応用されている．有機金属化合物を原料に用いる有機金属 CVD 法により，ヒ化ガリウム GaAs，ヒ化アルミニウムガリウム AlGaAs や窒化ガリウム GaN などの多くの化合物半導体が作製され，発光ダイオードやレーザとして使われている．

　ハードコーティングの代表的なものは TiN および TiC である．いずれも切削工具などの耐摩耗性を向上するために用いられている．化学的安定性を高めるためのコーティングには窒化アルミニウムチタニウム TiAlN や炭化クロム CrC が用いられている．

　装飾用コーティングには，ハードコーティングとほぼ同じ材料を用いる．よく知られた金色のめっきから青やピンク系の色まで，多種多様なコーティングが可能である．ほとんどの装飾コーティングが硬い材料なので，ファッション性とともに耐摩耗性なども付与される．

　フィルムコーティングにおいては，酸素透過性を抑えるための SiO_2 あるいは Al_2O_3 コーティングなどが CVD 法により形成される．帯電防止あるいは電磁遮蔽などの用途には酸化スズ SnO_2 コーティングが用いられる．新しい応用では，生体親和性を高めるためのコーティングにも用いられている．

5.3 CVD法の原理

　CVD法は，供給される原料ガスの蒸気圧と，原料ガスの分解により生成された物質の蒸気圧との違いを利用した薄膜作製法である．原料として供給されるガスは，高い蒸気圧をもっており，基板上に到達しても原料ガスの形のままでは薄膜として堆積することはない．ところが，この原料ガスが分解され，蒸気圧の低い金属となると基板上から再蒸発しにくくなり，薄膜として堆積していくことになる．熱 CVD 法であれば，この分解・堆積の過程は加熱された基板上でのみ起こり，チャンバー壁などの冷たい壁の上では起こらない．CVD 法において，複雑な形状をもつ基材に対しても，薄膜がまわり込み性よく形成される理由である．CVD 法の過程をもう少し詳しく説明すると，

① 原料ガスの供給，
② 原料ガスの基板表面への輸送，
③ 原料ガスの基板表面における拡散と分解，
④ 核形成と揮発性反応副生成物の蒸発，
⑤ 反応副生成物の除去，

となる．

(1) CVD法の諸条件

CVD法において，膜質を決める要因は，どのような原料ガスの組合せを使うか，どれくらいの流量のガスを流すか，さらにはどれくらいの圧力とするか，そしてどれくらいのエネルギーで原料ガスを分解し，薄膜を成長させるかという点にある．

原料ガスの選択においては，どのような分解反応により，目的とする材料を堆積するかという設計が最も大切であるが，同時に，原料ガスの危険性や取り扱いやすさなども考慮する必要がある．

原料ガス流量と圧力も膜質に影響を与える．膜質に加えて，生産においては最も大きな要因の一つである薄膜堆積速度も，原料ガスの流量と圧力により定まる．また，薄膜の膜厚の均一性も，原料ガス流量に影響される．過剰に原料ガスを流せば，原料ガスが未反応のままで排気されて無駄になると同時に，膜質の劣化を引き起こすことが多い．

基板（基材）温度は，堆積速度と膜質を決める最も大きな要因である．原料ガスの分解速度は，基板温度が高くなると指数関数的に大きくなる．したがって，十分な量の原料ガスを供給し，かつ適切な基板温度を設定すれば，大きな薄膜堆積速度を得ることができる．ただし，あまり薄膜堆積速度を大きくしすぎると，膜質の劣化を引き起こす場合がある．基板温度が高い場合には，揮発性の反応副生成物の基板からの脱離速度も大きくなり，その残留などの問題はないが，基板温度が低い場合には脱離速度が小さくなり，反応副生成物が堆積物に残留し，膜質の劣化をまねく．

5.4 CVD法における化学反応

CVD法における化学反応は，次のように分類される．
① 熱分解反応
② 還元反応
③ 酸化反応
④ 窒化反応
⑤ 炭化反応

それぞれの反応はさらに複雑であり，とくに，窒化あるいは炭化反応は還元反応との複合化反応であることが多い．要求された性質を満たす薄膜をどのような反応により得るかを決定することは，装置やプロセスを設計するうえで最も大切である．

（1） 熱分解反応

熱分解反応は，CVD 法において，最も基本的な反応の形式である．熱分解反応の原料ガスには，水素化合物や有機金属化合物が多い．代表的な反応はモノシラン SiH_4 の熱分解反応である．

$$SiH_4 \longrightarrow Si（堆積物）+ 2H_2（反応副生成物）$$

（2） 還元反応

還元反応は，CVD 法においてよく使われる反応で，最も基本的な反応の形式である．還元反応の原料ガスには，水素化合物や有機金属化合物が多い．代表的な反応として四塩化ケイ素 $SiCl_4$ の還元反応があげられる．

$$SiCl_4 + 2H_2 \longrightarrow Si + 4HCl$$

六フッ化タングステン WF_6 からの W の堆積も還元反応である．

$$WF_6 + 3H_2 \longrightarrow W + 6HF$$

（3） 酸化反応

酸化物の薄膜を形成する際には，酸化反応を用いる．原料ガスに酸素を加えて酸化反応を起こす場合と，有機金属原料ガス中に含まれる酸素を用いて酸化反応を起こす場合がある．SiO_2 の形成を例にとると，次のようになる．

$$SiH_4 + 2O_2 \longrightarrow SiO_2 + 2H_2O$$
$$Si(OC_2H_5)_4 \longrightarrow SiO_2 + xC_2H_4 + xH_2O + \cdots$$

$Si(OC_2H_5)_4$ は，テトラエトキシシランとよばれ，TEOS と略される．現在，SiO_2 形成の主な原料ガスとなっている．Ta などの高融点金属の酸化物を形成する際にも，アルコキシ化合物を原料ガスとして使うことが多い．酸素の供給源として上記の O_2 に代えて，O_3 や N_2O などを使うことも多い．より活性な酸化剤を使うことにより，低い反応温度でより特性のよい薄膜が得られる．

（4） 窒化反応

窒化物の薄膜を得るためには，NH_3 などの形で窒素を供給し，反応を起こす．得られる材料が高融点化合物であるために，良質の薄膜を得るためには，反応温度も高くなる．Si_3N_4 の形成反応は以下のようになる．

$$3SiCl_4 + 4NH_3 \longrightarrow Si_3N_4 + 12HCl$$
$$3SiH_4 + 4NH_3 \longrightarrow Si_3N_4 + 12H_2$$

TiN や窒化ハフニウム HfN の形成においては塩化物を原料ガスに用い，NH$_3$ により窒化反応を起こす．

$$\mathrm{TiCl_4 + NH_3 \longrightarrow TiN + xHCl + yCl_2}$$
$$\mathrm{HfCl_4 + NH_3 \longrightarrow HfN + xHCl + yCl_2}$$

（5） 炭化反応

炭化物を得るためには，CH$_4$ あるいは C$_2$H$_2$ などのガスを炭素の供給源として使い，炭化反応を起こす．窒化物形成と同様に，反応温度は比較的高くなる．TiC の CH$_4$ を用いた形成反応は，次のようになる．

$$\mathrm{TiCl_4 + CH_4 \longrightarrow TiC + 4HCl}$$

5.5 CVD 法に用いられる原料ガス

CVD 法において最も大切なことは，原料ガスの選択である．原料ガスの選択により，反応温度や薄膜堆積速度が決まる．しかし，さらに大切なことは，ガスの供給系や排気系，さらには日常のガスの扱いやすさが，原料ガスの選択により決まるということである．CVD 法において用いられるガスはほとんどが腐食性であり，また，毒性であるものや爆発性であるものも多い．原料ガスの選択には，ガスや装置の扱いやすさも考慮する必要がある．以下に，原料ガスを選択する際に考慮するべき点を簡単にまとめる．

① 目的とする薄膜を形成することが可能であること．
② 基板材質などに対応した温度で反応が起こること．
③ 高い蒸気圧をもつこと．
④ 反応副生成物が揮発性であること．
⑤ 化学的に安定であること．
⑥ 十分に安全な取り扱いが可能であること．

さらに細かい条件もあるが，おおむね上記のようなことを考慮すればよい．すべてあたりまえのことであるが，逆にいうと，Cu のように上記の条件を満たす適当な原料ガスがないものは，CVD 法により薄膜を形成することが難しいということになる．

いくつかの代表的な原料ガスの特性を，表 5.2 に示す．水素化物あるいは塩化物，フッ化物などのハロゲン化物がよく使われる．水素化物において，最もよく使われる原料ガスは SiH$_4$ である．これは，金属 Si を形成する場合に使われる．SiH$_4$ は，よく知られているように空気中で爆発的に燃焼する．塩化物やフッ化物は分解温度が高く，基材を高温にすることができる工具のハードコーティングなどにおいて，酸化物

表5.2 CVD法に使われる原料ガス

化学式	名称	分子量	融点 [℃]	沸点 [℃]	備考
SiH_4	モノシラン	32.12	−185	−111.5	無色 気体 弱い臭気 自然発火性
$SiCl_4$	四塩化ケイ素	169.90	−70	59	無色 液体 刺激臭 腐食性 水と反応しHCl発生
$TiCl_4$	四塩化チタニウム	189.69	−25	136.4	無色 液体 刺激臭 腐食性 水と反応しHCl発生
$SnCl_4$	四塩化スズ	290.52	−30	114	無色 液体 刺激臭 腐食性 水と反応しHCl発生
$AlCl_3$	三塩化アルミニウム	133.34	190	183℃以上にて昇華	白色 固体 刺激臭 腐食性 水と反応しHCl発生
$ZrCl_4$	四塩化ジルコニウム	233.02	437	331℃以上にて昇華	白色 固体 水と反応しHCl発生
WF_6	六フッ化タングステン	297.84	2.3	17.5	無色 液体 分解によりHFの発生 刺激臭 水と反応しHF発生

[注] MSDSシートより抜粋.

あるいは窒化物を形成するために使われることが多い．酸化物形成の場合には，酸化性のガスとして，O_2，H_2O，あるいはNO_2などを用い，O_3を用いることもある．窒化物形成の場合には，反応性ガスとして，NH_3，あるいはN_2とH_2の混合ガスを用いる．低温プロセスが要求される場合には，NH_3を用いる．WF_6，あるいは六フッ化モリブデンMoF_6は水素還元による金属薄膜堆積の原料ガスとして，半導体プロセスにおいて用いられる．$SiCl_4$は，シランに比較して分解温度が高くなるため金属Siの形成にこれを使うことはほとんどない．塩化物あるいはフッ化物ガスは腐食性であり，毒性もある．また，空気中の水分と反応して，加水分解を起こす．

5.6 CVD装置

CVD装置は，原料ガス供給系，薄膜堆積室，真空排気系からなる．装置の模式図を図5.2に示す．薄膜堆積室は反応室とよばれることも多い．薄膜堆積室には，基板加熱機構があり，プラズマCVD法の場合には，プラズマ発生機構も設置される．基板や基材ホルダーは，それぞれの形やCVD法に応じたものが設置される．

5.6.1 原料ガス供給系

CVD法においては，原料ガスに可燃性，あるいは爆発性のガス，さらには毒性のあるガスを使うことが多い．したがって，その供給系には安全面を考慮する必要があ

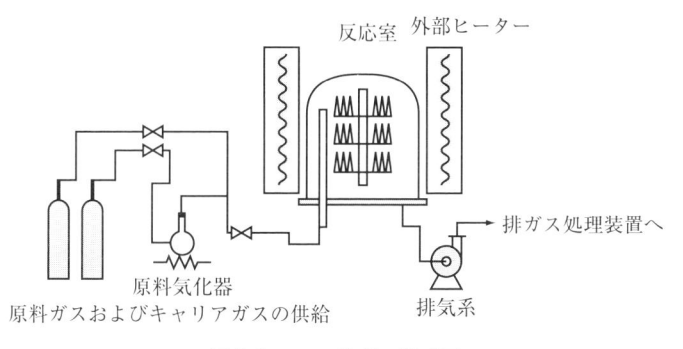

図5.2 CVD装置の模式図

り，一般に複雑になる．さらに，液体原料を蒸発させて薄膜堆積室に供給する場合には，液体原料の蒸発装置も必要となる．また，腐食性のガスを原料として使う場合には，ガス供給系の耐食性にも考慮する必要がある．原料ガスの流量は，一般にはマスフローメーターを用いて制御される．マスフローメーターは精密な装置であるので，とくにその耐食性に注意する必要がある．腐食性ガス対応のマスフローメーターやバルブが市販されている．

5.6.2 薄膜堆積室

薄膜堆積室の設計において最も重要なことは，基板あるいは基材の設置方法をどのような形式にするかということと，設置された基板あるいは基材に対していかに原料ガスを均一に供給するかである．ドリルなどの工具へのハードコーティングの場合には，基材を立てて設置することが多い．平板状の基板を用いる場合には，シャワープレートとよばれる原料ガスを吹き付けるための治具に対向して基板を設置する．ウェハー上に薄膜を形成する場合には，ウェハーを垂直あるいは水平に並べて設置する．いずれの場合にも，それぞれの基材の設置方法に応じて，原料ガスの供給方法を設計する必要がある．

プラズマCVD法であれば，さらにプラズマ発生機構を設置する．平板状の基板を用いる場合には平板電極を用い，この上に基板を設置し，その全面にプラズマを発生させる．プラズマの発生位置と基板の設置位置が離れている場合には，コイルを使ってプラズマを発生させることが多い．薄膜堆積室においては，原料ガスを供給するノズルをどのような形式にするかも重要である．膜厚や膜質の均一性に大きく影響するだけでなく，ノズル自体への薄膜の堆積などにより時間的なプロセスの安定性を失う原因にもなる．また，ノズルやその周辺部に付着した堆積物がはがれ，これが薄膜に取り込まれると欠点にもなる．

CVD 法においては，原料はガスの形で連続的に供給されるので，原材料交換の必要はないが，ノズルやサセプタ（基板保持治具）などに付着した堆積物のはがれによる欠点の発生を防ぐための，定期的なメンテナンス（保守）が必要となる．プラズマ CVD 法の場合には，セルフクリーニングとよばれるエッチングにより堆積物を取り除き，メンテナンスの頻度を少なくする方法が用いられる．

5.6.3 真空排気系

CVD 装置の真空排気系においても，ガス供給系と同様に毒性あるいは腐食性のあるガスを扱うことを考慮しなければならない．CVD 装置においては，超高真空排気系を用いることは少ない．工具などのハードコーティング用の装置などでは，ロータリーポンプのみで排気を行う．排気されるガスによっては，著しくポンプオイルを劣化する場合がある．現実には，このポンプオイルの劣化を防ぐよい手段はなく，排気性能の低下が起こるまえにオイルを交換することが必要となる．

腐食性や毒性のガスを排気する場合，排気されたガスを大気にそのまま放出することはもちろんできない．スクラバーとよばれる除染装置や吸着装置を使って，ガスを無害化したあとに，そのガスを大気に放出する．排気装置の大きさは薄膜堆積室の大きさとともに，どれくらいの量の原料ガスを流すかということにも考慮して決定する必要がある．ポンプへの負荷を考え，薄膜堆積の準備段階において，減圧するための排気系と，薄膜堆積中の原料ガスの反応副生成物，およびキャリアガスを排気する排気系を，別系統とする場合もある．

5.6.4 その他

CVD 装置においても，真空蒸着法やスパッタリング法と同様に，基板の設置方法によりバッチ式とロードロック式とがある．工具用ハードコーティングや装飾用コーティングに用いられる装置ではバッチ方式が多いが，半導体プロセスに用いられる装置では，クラスタ型のロードロック式装置が使われる．

5.7 いろいろな CVD 法

CVD 法には，熱 CVD 法，プラズマ CVD 法，有機金属（MO）CVD 法，光 CVD 法，レーザ CVD 法などがある．CVD 法の基本は熱 CVD 法であり，プラズマ CVD 法は原料ガスの分解反応にプラズマを補助的に用いる方法であり，MOCVD 法は熱 CVD 法のうち原料として有機金属化合物を使う方法である．ここでは，熱 CVD 法，プラズマ CVD 法，MOCVD 法について述べていく．これらの方法の長所

表5.3 基本的なCVD法の長所と短所

方法	長所	短所
熱CVD法	・良質の薄膜が形成できる. ・異形の基材にもまわり込みよく,薄膜の堆積が可能である. ・外部ヒーターを使用する場合には,とくに装置構成が簡単となる.	・基板・基材温度を高くする必要があり,基板・基材材質あるいは下層膜として使われる材料が制限される. ・熱による反応のみを用い薄膜を堆積するために,原料ガスが限られたものとなる. ・熱分解反応が律速過程となり,薄膜堆積速度を高くできない場合がある.
プラズマCVD法	・熱CVDに比べて,低い基板温度において良質の薄膜を形成できる.	・誘導結合放電型プラズマを用いる場合には,基板の大きさが制限される. ・誘導結合放電型プラズマを用いる場合には,アンテナ(内部アンテナ)あるいは窓材への薄膜堆積のために,長時間の安定性が確保できない. ・気相中の反応により,粒子が形成され,薄膜中に異物として取り込まれる. ・プラズマ発生源の装置コストが高くなる.
MOCVD法	・良質の薄膜が形成できる. ・塩化物などの原料を選択できない材料にもCVD法を適用できる. ・異形の基材にもまわり込みよく,薄膜の堆積が可能である.	・塩化物などに比べて有機金属原料のコストが一般的には高い. ・有機金属原料の供給装置のコストが高くなる.

と短所を表5.3にまとめた.

5.7.1 熱CVD法

　熱CVD法は,原料ガスの分解を熱により行う方法である.基板の温度は,原料ガスの解離を行うために必要とされる温度となる.金属薄膜を堆積する場合には500〜700°C,金属窒化物薄膜や炭化物薄膜を堆積する場合には700〜1000°Cとかなり高温である.したがって,基板に耐熱性がない場合には熱CVD法は使えない.工具へのコーティングに用いられる熱CVD装置の外観写真を,図5.3に示す.これは,基板を外部から加熱する方式の装置である.基板の加熱方法には,図5.4に示すように,外部ヒーターコイルを用いる方法(a),内部ヒーターを用いる方法(b),あるいは赤外線加熱を用いる方法(c)などがある.いずれの方法においても,反応が基板の表面で効率的に行われるように装置設計を行う必要がある.基板上以外での分解反応は,薄膜堆積室内の汚れとなり,薄膜の欠点の原因となるとともに,清掃などの手間を増やす原因ともなる.また,多くの場合,原料ガスは腐食性であるので,金

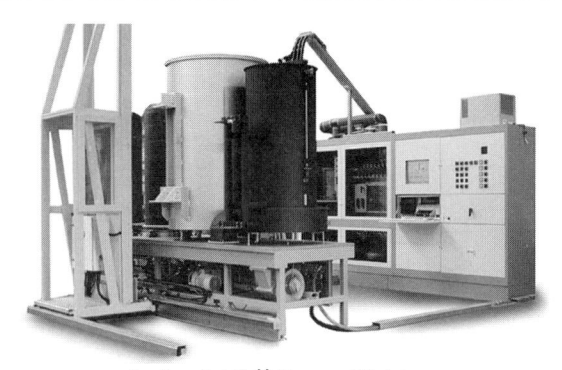

Ionbond AG 社 Bernex Division

図 5.3 工具ハードコーティング用熱 CVD 装置の外観写真

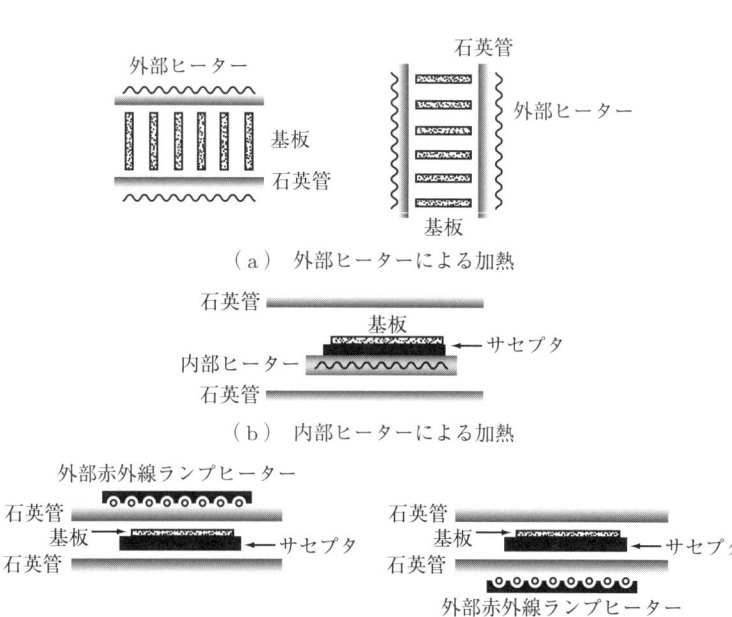

(a) 外部ヒーターによる加熱

(b) 内部ヒーターによる加熱

(c) 外部赤外線ランプヒーターによる加熱

図 5.4 熱 CVD 装置における基板の加熱方法

属製のヒーターを原料ガスにさらすとすぐに劣化してしまうという問題がある．したがって，ヒーターは直接原料ガスにさらされることがないように，ヒーターブロックに埋め込まれる形となる．熱 CVD 法においては，ホットウォール法あるいはコールドウォール法のいずれを使うかも装置の重要な設計となる．ホットウォール法とは，反応室全体を均一に加熱する方法をいう．反応室外部から赤外線ランプなどで基板あるいは基材を加熱する．サセプタをも同時に複合的に加熱することもある．コールド

ウォール法では，サセプタ部と基板のみを加熱する．さらには，反応容器壁面の温度を水冷により制御する場合もある．しかし，厳密にサセプタのみを加熱することは難しく，周辺部や反応容器壁も同時に加熱される．熱 CVD 法において反応容器内の温度を制御することは，反応を制御することにつながるが，十分には制御できていないのが現状である．

熱 CVD 法により形成される膜の構造は，基板温度に大きく依存する．堆積される材料の融点に対して規格化された基板温度が低い場合には，薄膜の構造は柱状となる．基板温度が高くなると薄膜の結晶化が進み，また無配向となる．熱 CVD 法により形成される薄膜は，一般には緻密な構造をもつ．これは，原料ガスを熱分解して良質な薄膜を得るために，基板温度を高くしていることによる．

5.7.2 プラズマ CVD 法

プラズマ CVD 法は，原料ガスの分解にプラズマを用いる方法である．熱 CVD 法に比較して基板温度を低くできる．プラズマ CVD においては，平行平板方式による容量結合方式（Capacitively coupled Plasma, CCP）による高周波放電，外部あるいは内部アンテナを用いた誘導結合方式（Inductively coupled Plasma, ICP）による高周波放電，電子サイクロトロン共鳴（Electron Cyclotron Resonance, ECR）放電を用いる方式などがある．平行平板型の電極を用いる方式は，構造が簡単でかつ大面積の基板に対応しやすいなどの利点をもつ．図 5.5 に模式図を示す．ICP あるいは ECR プラズマは，CCP プラズマに比較して密度が高く，放電圧力を下げることができるという特徴をもつが，大面積基板への対応は難しく，また，膜厚や膜質の均一性にも劣る．図 5.6 に ICP プラズマを用いる方法の模式図を，図 5.7 に ECR プラズマ CVD 法の模式図を示す．

平行平板型 CCP プラズマ装置では，図 5.5 に示したように電力の印加とガスの供給方式にいくつかの組合せがある．一般には，上部電極をシャワーヘッドとし，ここから原料ガスが均一に供給される．プラズマは 13.56 MHz の高周波電力により形成される．この高周波電力は，上部電極あるいは基板を保持している下部電極のいずれかに加えられる．膜物性の制御のために数 100 kHz オーダーの周波数をもつ低周波電力を印加することもある．

プラズマ CVD 法においては，原料ガスの分解が気相中で行われる．この分解が進みすぎると気相中で微粒子が形成され，異物として基板上に堆積する．この異物は薄膜堆積という観点からは短所ではあったが，現在では，超微粒子形成の手段として用いられている．

また，平行平板方式ではシャワー電極においても原料ガスが分解される．シャワー

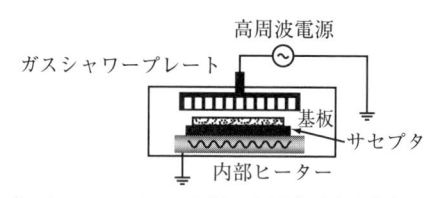

（a）シャワープレート側に高周波電力を印加した例

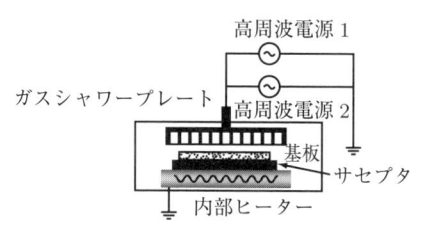

（b）シャワープレート側に2周波の高周波電力を印加した例

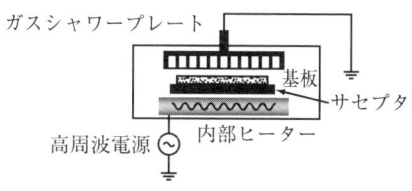

（c）サセプタ側に高周波電力を印加した例

図 5.5 平行平板型 CCP プラズマ CVD 装置におけるプラズマの発生方式の模式図

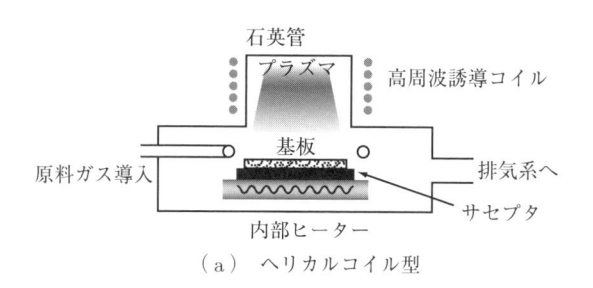

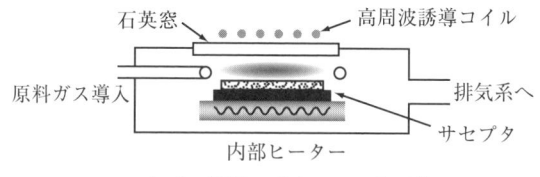

（a）ヘリカルコイル型

（b）平面スパイラルコイル型

図 5.6 ICP CVD 装置の模式図

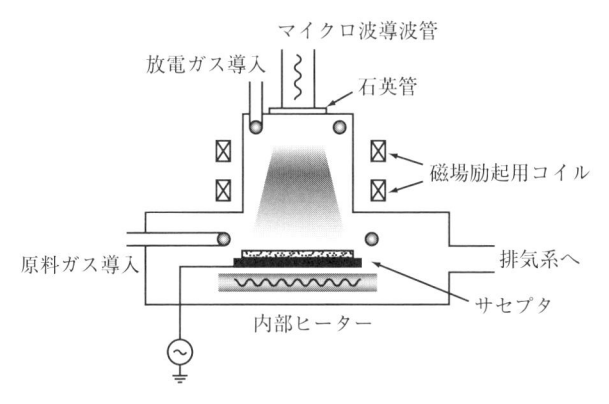

図 5.7 ECR プラズマ CVD 装置の模式図

プレートの孔の部分にこの分解物が堆積するとガスの流れが妨げられ，形成される薄膜の膜厚均一性が損なわれる．また，シャワープレート上の堆積物がはく離し，基板上につくと歩留まりの低下を招く．そのため，シャワープレートや周辺部についた堆積物を除去するためには定期的なメンテナンスが必要である．また，セルフクリーニングという，チャンバー内に NF_3，ClF_3，あるいは CF_x 系のガスを導入し，堆積物をエッチングする方法により装置の稼働率と歩留まりの向上がはかられている．

プラズマ CVD のうち，プラズマを基板から離れた位置において形成する方法をリモートプラズマ CVD 法とよぶ．基板あるいは基材がプラズマに直接さらされないため，薄膜がプラズマによるダメージを受けにくいという長所がある．しかし，膜厚や膜質の均一性を得にくいために，大面積をもつ基板に対しては実用的ではない．逆に，プラズマの形成の方法においては自由度が増える．コイルを設置してもよく，また，磁場によるプラズマの制御なども可能となる．ICP-CVD 法や ECR プラズマ CVD を用いる方法などがある．

5.7.3 MOCVD 法

MOCVD 法（有機金属気相成長法）とは，原料ガスに有機金属化合物（Metal-organics）を用いる CVD 法をいう．有機金属化合物とは，金属が炭化水素基と結びついて形成された化合物をいう．ハロゲン化物などの化合物では高い蒸気圧が得られず，原料の輸送ができない場合や，あるいは薄膜の堆積に必要な分解反応が起こらず薄膜堆積ができない場合などに，有機金属化合物を原料ガスに用いる．代表的な有機金属化合物原料を，表 5.4 にまとめる．有機金属化合物自体が安定であり，また安定に気化することが求められる．有機金属化合物の分解温度が低いために，比較的低温でのエピタキシャル成長が可能であり，また，高い制御性をもつ．Si プロセス，発

表5.4 MOCVD法に使われる原料ガス

化学式	名称	略称	分子量	融点[℃]	沸点[℃]	備考
$Si(OC_2H_5)_4$	テトラエトキシシラン	TEOS	208.5	-82	166	無色 液体
$Al(CH_3)_3$	トリメチルアルミニウム	TMA	72.09	15.3	127	無色 液体 室温で発火
$Al(C_2H_5)_3$	トリエチルアルミニウム	TEA	114.17	-50	194	無色 液体 室温で発火
$Ga(CH_3)_3$	トリメチルガリウム	TMG	114.83	15.8	56	無色 液体 腐臭 室温で発火
$Ga(C_2H_5)_3$	トリエチルガリウム	TEG	156.91	-82.3	142.6	無色 液体 腐臭 室温で発火
$In(CH_3)_3$	トリメチルインジウム	TMI	159.9	88.4	136	白色 固体 腐臭 室温で発火
$In(C_2H_5)_3$	トリエチルインジウム	TEI	202	-32	184	可燃性

光ダイオード（Light Emitting Diode, LED），および半導体レーザ（Laser Diode, LD）の作製プロセスなどに多用されている．

　代表的な有機金属化合物はアルキル化合物である．代表的なアルキル基はメチル基-CH_3あるいはエチル基-CH_2-CH_3である．Al, In, あるいはGaのアルキル化合物が，化合物半導体の形成に原料ガスとして用いられている．次に多用される材料がアルコキシ化合物である．代表的なアルコキシ基は，メトキシ基-O-CH_3あるいはエトキシ基-O-CH_2-CH_3である．シリコンのエトキシ化合物であるテトラエトキシシランは，半導体プロセスにおいてSiO_2の形成に用いられている．Ta, Al, あるいはTiなどのメトキシ化合物も，金属酸化物の形成に用いられている．

　われわれの身近には，意外と多くのMOCVD法により作製されたデバイスが使われている．まず，赤外発光ダイオードがある．家電製品などのリモコン用の光源として使われている．あるいは自動ドアのセンサにも赤外発光ダイオードが使われている．使われている薄膜はヒ化アルミニウムガリウムAlGaAsなどである．青色を出す発光ダイオードは，白熱灯あるいは蛍光灯に替わる省エネルギー型の光源で，GaNあるいは窒化インジウムガリウムInGaNいう薄膜材料が使われている．いずれの薄膜もMOCVD法を利用して作製される．原料ガスは，トリメチルアルミニウム$Al(CH_3)_3$，トリメチルガリウム$Ga(CH_3)_3$，トリメチルインジウム$In(CH_3)_3$などである．

　CDやDVDの信号の読み取りには，レーザダイオードが使われている．薄膜とし

てはGaAs系を用いる．青色レーザを利用する高密度DVDの場合には，GaNやInGaN薄膜を使った素子を利用する．MOCVD法で作製された薄膜素子がなければ，われわれは音楽を聴くことも，DVDの映画を観ることもできない．

5.8 CVD法で形成される薄膜の構造

　CVD法で形成される薄膜の構造も，蒸着法やスパッタリング法により形成される薄膜の物性と同様の考え方で理解できる．熱CVD法では，基材の温度を800〜900°Cという高い温度にすることが多い．この温度においては，薄膜の成長は基板温度に支配され，基板あるいは基材上の原子は，緻密な結晶性の薄膜を形成するために必要な，大きな移動度をもつことができる．したがって，この温度で形成される薄膜は結晶性であり，緻密な構造をもつ．薄膜が三次元的に成長するために必要な基板温度の目安は，薄膜材料の融点の7割程度の温度である．CVD法により堆積された薄膜の構造に関する議論が少ない理由は，CVD法が基本的に高温プロセスであり，薄膜がスパッタリング法のときのような特徴的な構造を示さないためである．

　プラズマCVD法におけるプロセスは，ほかのプラズマプロセスと同様に，熱的に非平衡となる．原料ガスの分解はプラズマにより促進され，薄膜の堆積速度も大きくなるが，膜質や膜組成は不十分になることがある．したがって，定比に近い組成をもつ化合物，あるいは結晶性の薄膜を得ようとする場合には，適当な基板加熱が必要となり，生産プロセスにおいてはプラスチックフィルム上への薄膜堆積の例を除いて，基板温度を高くする．

第6章 薄膜の評価技術

薄膜の評価項目には，形態，結晶構造，組成，光学的物性，電気的物性，機械的物性などがある．薄膜材料が薄いため，薄膜の評価においては，厚い材料を評価する方法をそのまま応用できないことも多い．それぞれの評価項目に応じて電子顕微鏡観察，X線回折法，X線微小分析法，偏光解析法，探針法，容量法，微小押し込み硬さ試験法など，さまざまな方法がある．本章では，それらの方法の概要・特徴，また薄膜を評価する際の留意点などについて述べる．

6.1 薄膜形態の観察

薄膜評価の基本は，薄膜を見ることである．簡単な薄膜をはじめて作製した場合には，いろいろなレベルで薄膜をよく見ることが大切である．最も簡単な方法は目で見ることである．もう少し詳しく見ようとすれば，光学顕微鏡を用いればよい．薄膜がうまく形成されたか，そして，はがれたりしていないかがわかる．また，金属薄膜など光を通さない薄膜において，小さな孔があいているかいないかを確認する場合には，薄膜を通して光源からの光を見ればよい．孔があいていればプラネタリウムのように光がポツポツと見える．

しかし，目視や光学顕微鏡では薄膜の微細な構造や，多層に積み重なったようすを見ることはできない．このような目的を達成するためには，走査型電子顕微鏡や走査型プローブ顕微鏡を使う．電子顕微鏡は，電子線を使って構造解析を行う方法である．走査型電子顕微鏡は，その操作性も向上し，比較的簡単に薄膜の表面・断面の形状を観察できる．走査型プローブ顕微鏡は，探針を用いて表面形状を観察する方法である．装置も安価になってきており，一般的な方法である．

6.1.1 走査型電子顕微鏡

薄膜自体の構造や，多層に組み合わされた構造などを観察する場合には，高倍率での観察が必要となる．厚さが 100 nm の薄膜の断面を観察しようとすると，5万倍程度の倍率での断面観察が必要となってくる．さらに高い倍率で観察する場合には，10万倍程度の倍率での観察が必要となってくる．

高倍率での薄膜の観察において，最も一般的な装置は電界放射走査型電子顕微鏡である．電界放射とは，細いチップに電界をかけて電子ビームを形成することをいう．電界放射以外に熱フィラメントを用いた電子ビームの形成法もあるが，電子ビームの

径を細くすることができないので，高い倍率での観察はできない．フィラメント型の電子線源をもつ装置では5000倍程度，電界放射型で3万倍程度までは基本的な操作を覚えるだけで観察を行える．一方，電界放射走査型電子顕微鏡では10万倍程度の高倍率での観察が可能であるが，明解な像を得るためにはある程度の熟練を要する．

　電界放射走査型電子顕微鏡の基本的な構造を，図6.1に示す．電子銃から電子ビームを引き出し電極にかけた正電位により引き出す．これをレンズで絞るとともに，走査しながら試料に照射する．試料からは2次電子が発生する．発生した2次電子を検出器でとらえて，走査信号と同期し，画面にその強度を表す．この2次電子の強度の差をみて，表面や断面のようすを見ることができる．加速電圧は，通常は20 kV程度である．加速電圧を高くするとビームが絞られ，分解能をよくできるが，試料へのダメージが生じる，あるいは電子線の拡散領域が大きくなるなどの問題が起こる．

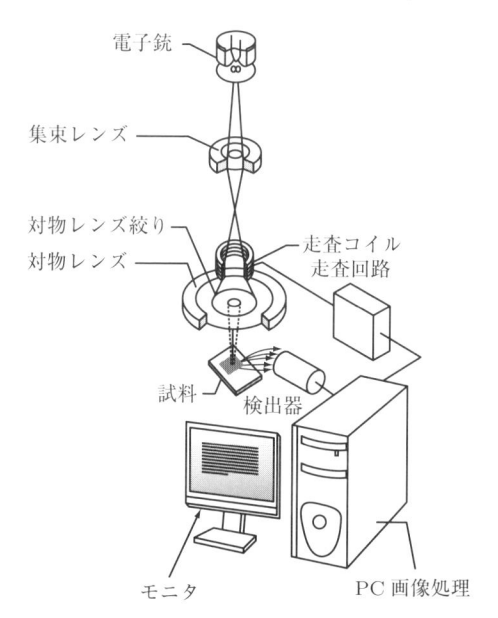

図6.1　走査電子顕微鏡の基本構造（日本電子株式会社）

　電子顕微鏡を用いて薄膜を観察する方法には，表面観察法と断面観察法とがある．表面観察法は，形成された薄膜をそのまま上から見る方法であり，断面構造に関する情報は得られない．薄膜を割って断面を見ると，断面方向の成長のようすを見ることができる．また，厚さ方向に構造に変化がある場合などにも，これを見ることができる．断面構造を観察する試料をつくる最も簡単な方法は，基板ごと試料を割ることである．ガラス基板やシリコン基板では比較的容易である．簡単に基板が割れない場合には，基板を加工して断面試料をつくるが，加工の際に薄膜部分を痛めてしまう場合

がある．断面観察用の試料を簡単につくることができる場合にはこれを作製し，試料をわずかに傾けて斜めから断面と表面を一度に観察するのがよい．薄膜あるいは基板に導電性がない場合には，導電性の金属を薄く堆積し，試料に導電性をもたせる．金属にはパラジウム Pd などが用いられる．この処理を行わないと試料表面が電子ビームにより帯電してしまい，観察ができない．試料の帯電を防ぐために，圧力が高い状態で試料観察を行うこともできるが，金属コートが可能であれば，通常の高真空における観察のほうが，より簡単に鮮明な観察結果が得られる．

有機高分子などの観察においては，金属コーティングを行っていても試料表面がダメージを受ける．このような場合には，電子線の絞り込みは高圧の加速電圧で行い，阻止電圧により減速を行う．これにより，照射電圧を低くすることができ，無コーティング，あるいはダメージを受けやすい試料の観察が可能となる．装置の進歩により，試料の物性および要求される分解能に対して，適切な観察方法を用いることが可能となっている．

6.1.2 透過型電子顕微鏡

透過型電子顕微鏡は，走査型電子顕微鏡に比べて，さらに高倍率での試料観察を可能とし，薄膜の原子レベルでの構造までを観察することができる．透過型電子顕微鏡においては，電子を 100 kV 以上に加速させ，試料を透過させ，電子の透過像を観察する．図 6.2 に，その基本的な構造を示す．

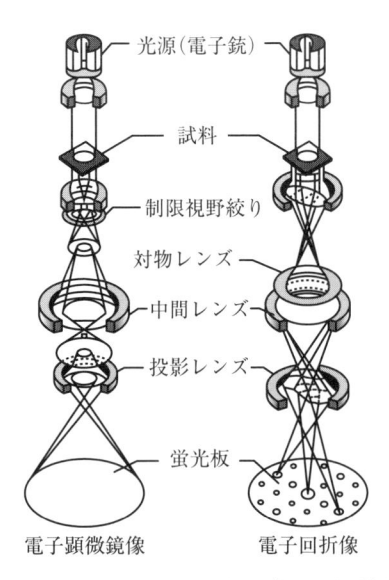

図 6.2 透過電子顕微鏡の基本構造（日本電子株式会社）

結晶試料においては，結晶格子による回折が起こり，透過波と干渉して格子像を形成する．電子線を透過する非常に薄い試料をつくる必要があり，観察もかなり専門的となる．必要な試料の厚さはおおよそ $0.1\,\mu m$ である．試料の作製には集束イオンビームを用いる．透過型電子顕微鏡による観察では，電子線回折法により微小な部分の結晶構造に関する情報を得ることができる．また，転位や積層欠陥などを観察することができる．

6.1.3 走査型プローブ顕微鏡

走査型プローブ顕微鏡は，探針と試料間の相互作用から，試料表面の形状などに関する情報を得る方法である．走査型電子顕微鏡と同様に，形態観察の方法として広く使われるようになった．現在では，原子間力顕微鏡（Atomic Force Microscopy, AFM）が最も一般的である．AFMでは，探針と試料の間にはたらく原子間力（斥力または引力）を検出し，これが常に一定になるようにしながら探針を走査することにより，試料表面の形態についての情報を得る．原子間力顕微鏡の基本概念を，図6.3に示す．観察方法としては，タッピングモード，ACモード，あるいはノンコンタクトモードよばれる探針を試料から離した状態で走査する方法が一般的である．AFMの特徴は，とくに，試料の前処理などを行わなくても原子サイズの分解能が得

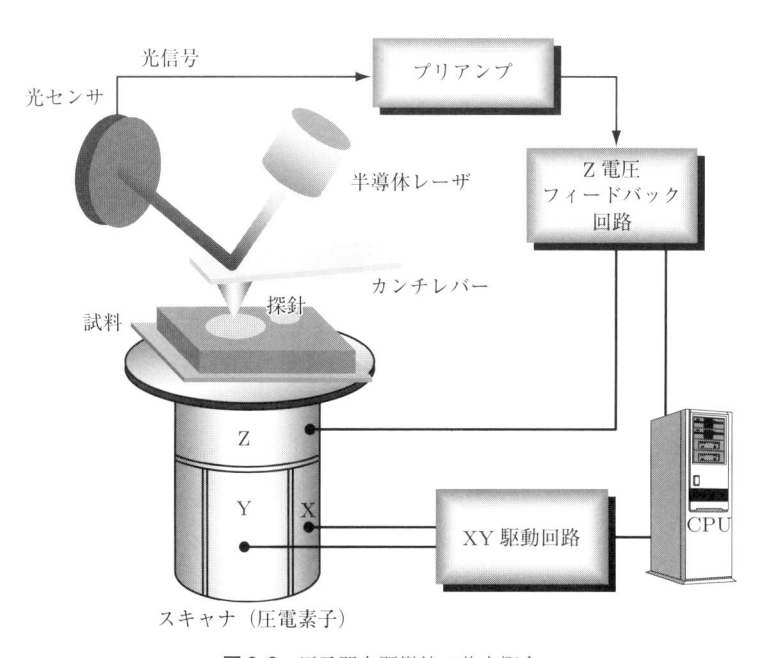

図6.3 原子間力顕微鏡の基本概念

られるところにある．また，測定環境を選ばず，大気中においても試料の観察を行えることも大きな特徴である．しかし，一般には，断面構造についての情報を得ることはできない．薄膜試料の解析方法として，原子像の観察から表面粗さの測定まで広く使われている．原子像を観察する場合には数 nm 程度の範囲で，表面形態の観察や表面粗さの測定を行う場合には数〜数10 μm 程度の範囲で探針の走査を行う．

走査型プローブ顕微鏡による試料観察においては，探針の取り扱いに十分注意する必要がある．一般に，ノンコンタクトモード用の探針には Si が，コンタクトモード用の探針には Si_3N_4 が用いられる．しかし，いずれの場合にも走査を繰り返すことにより針先が摩耗してしまい，たとえば，平均粗さを測っている場合に，同じ試料に対しても値が異なってくる．探針が摩耗したからといって，これを新しいものと交換すると，再度異なる値のデータを得ることになる．また，表面の形状のイメージも，針先の摩耗の程度で異なってくる場合があり，十分な注意が必要である．

走査型プローブ顕微鏡の特徴の一つに，試料の種々の特性に対する観察モードを選択できる点がある．通常の原子間力顕微鏡およびトンネル電流顕微鏡（Scanning Tunneling Microscope, STM）モードに加えて，摩擦力，磁気力，粘弾性，表面電位，あるいは電気化学力などの測定が可能である．いずれの方法においても付加的な機構が必要であり，また，そのデータの解析には注意が必要である．しかし，微小領域における種々の情報を得ることが可能であり，基本的な AFM あるいは STM モードとの組合せにより，より多面的な試料の観察が可能となる．

6.2 薄膜結晶構造の解析

薄膜の結晶構造を知ることは，その物性を理解するための基本である．結晶性の良し悪しや配向性，さらには結晶粒径の大きさが光学的，電気的，そして機械的物性に影響する．薄膜の結晶構造の評価においても，薄膜材料が薄く，かつ基板の上に成長していることにより，バルク材料における構造解析とは異なった方法が用いられる．構造解析の方法には，X 線回折法，電子線回折法，反射高速電子回折法などがある．ここでは，最も一般に用いられている X 線回折法について述べる．

6.2.1 X 線回折法

X 線回折法は，薄膜の構造解析において最も基本となる方法であり，また，簡便な方法である．X 線回折法とは，結晶面における X 線の弾性散乱を用いて，構造の情報を得る方法である．薄膜の観察において用いられる X 線光学系や X 線源は，基本的には金属，セラミックスの結晶構造解析に使われる粉末回折法と同じである．い

わゆる θ-2θ 光学系を使った方法である．しかし，より高精度でかつ高感度な方法で観察を行う場合には，試料が基板上に形成された薄いものであることを考慮する必要がある．まず，回折強度が低くなるので，X線源を高出力のものとする．回転対陰極式とよばれるX線源を用いることが望ましい．さらに，X線を低角で入射させ，できるだけ薄膜からの回折強度を高くし，逆に基板からの回折を抑える方法がある．これは，薄膜X線回折法とよばれている方法であり，低角入射と2θスキャンとを組み合わせていることから，α-2θ法とよばれている．図6.4に，θ-2θ法およびα-2θ法の概念を示す．

（a）対称反射（θ-2θ）光学系　　　（b）非対称反射（α-2θ）光学系

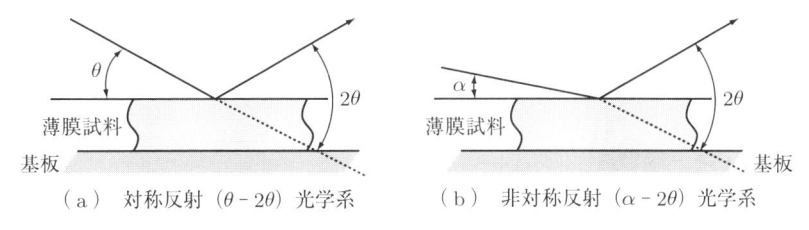

図6.4　X線回折法：θ-2θ法およびα-2θ法の概念

　薄膜の構造をX線回折法で観察する際に注意することは，X線回折においては試料面に対して平行な結晶面のみの情報を得ていることである．この欠点を補う方法が，図6.5に示したインプレーン測定とよばれる方法である．入射および回折角度を任意に固定したうえで，X線光路に対して直交方向で得られる回折線を測定する．これにより，試料表面に垂直な結晶面からの回折情報を得ることができる．インプレーン測定を実施するためには，4軸試料台を使い，また回転対陰極をX線源として用いる必要がある．

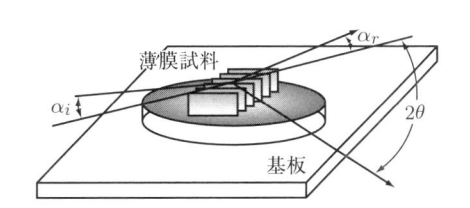

図6.5　X線回折法：インプレーン測定法の模式図

6.3　薄膜組成の分析

　薄膜の組成を分析する場合には，基本的には試料となる薄膜を溶解したりせず，そのままの形で分析する．バルク材料であれば，これを溶媒に溶かし，発光分光分析法

などにより組成を分析することができる．薄膜材料においても，薄膜を基板から分離することができれば，溶媒に溶かして分析することができる．しかし，一般には，薄膜を基板から分離し，これを溶媒に溶かすことは困難である．薄膜の組成分析に用いられる方法を，表6.1にまとめる．多くの方法は表面近傍からのみの情報を得る方法であり，表面分析ともよばれる．イオンビームによるエッチングを用いながら試料を分析することにより，薄膜試料の深さ方向に対する元素の分布などの情報も得られる．ここでは，X線微小分析法（X-ray Micro-analysis，XMA），X線光電子分光法（X-ray Photoelectron Spectroscopy，XPS），およびオージェ電子分光法（Auger Electron Spectroscopy，AES）について解説する．

表6.1 表面分析法の比較

分析方法	検出深さ	深さ分解能	検出可能濃度	検出領域	分析元素の範囲	化学状態の分析	定量分析
XMA	～μm	1 μm	0.1%	1 μm	B 以上	×	◎
XPS	～3 nm	3.0 nm	1%	1 mm	He 以上	◎	◎
AES	～2 nm	3.0 nm	0.1%	0.1 μm	Li 以上	○	○

6.3.1 X線微小分析法

X線微小分析法（X-ray Micro-analysis，XMA）は，最も普及した組成分析法で，電子線プローブ微小分析（Electron Probe Microanalysis，EPMA）ともよばれる．固体試料表面に数keV以上のエネルギーをもつ電子線を照射すると，その試料を構成する元素に固有の特性X線を発生する．このX線の波長と強度から，元素の定性および定量分析を行う．検出器には，エネルギー分散型X線分光装置（Energy Dispersive X-ray Spectrometer，EDX）を用いる．波長分散型X線分光装置（Wavelength Dispersive X-ray Spectrometer，WDX）を用いることもできるが，取り扱いが簡単であり，同時に多元素を分析できるEDXを用いることが多い．分析が可能な元素は，B（ホウ素，原子番号5）～U（ウラン，原子番号92）である．定量分析方法が確立されており，また，面内の元素分布を表すと同時に形態観察をすることができるなど，わかりやすい情報が得られることが最大の特徴である．分析できる深さは1 μm程度であり，深さ分解能はよくない．

6.3.2 X線光電子分光法

X線光電子分光法（X-ray Photoelectron Spectroscopy，XPS）は，ESCA（Electron Spectroscopy for Chemical Analysis）ともよばれる．真空中においてX線を

試料に照射すると，光電子が真空中に放出される．この光電子のエネルギーを分析することにより，元素を同定すると同時に，その結合状態についての情報を得る．光電子の放出される深さは 10 nm 程度であり，表面近傍の情報のみが得られる．

XPS の特徴は，
① 元素の同定ができる．
② 化学結合状態の定量的な分析ができる．
③ 表面のみの情報を得ることができる．
④ イオンビームエッチングと組み合わせることにより，深さ方向の元素および化学結合状態の分析ができる．

などである．

XPS 分析は，超高真空装置中で行われる．また，試料表面に汚れが付着している場合には，汚れを除去するためにエッチングにより表面層を取り除いてから分析を行う．表面の帯電により，スペクトルのエネルギー値がシフトすることがあるので注意が必要である．

6.3.3 オージェ電子分光法

超高真空中において，加速した電子線を試料に照射すると，表面近傍数 nm の深さに存在する原子からオージェ電子とよばれる電子が放射される．オージェ電子は，元素に固有なエネルギーをもつので，この電子のエネルギーを解析すれば試料を構成する元素を判定できる．これがオージェ電子分光法（Auger Electron Spectroscopy，AES）である．

オージェ電子分光法の特徴は，
① 数 nm 程度の深さの表面分析である．
② 元素の種類を同定できる．
③ 微小領域の分析が可能である．
④ 軽元素に対する感度がよい．
⑤ イオンビームエッチングと組み合わせることにより，深さ方向の元素分析ができる．

などである．とくに，オージェ電子の脱出深さが浅いことにより，高い分解能での深さ方向分析が可能である．

6.4 光学的物性の評価

材料の光学的物性は，屈折率と消衰係数により決まる．実際の応用においては，分

光透過率および反射率，そしてこれらから算出される可視光透過率や色度などが，光学物性の指標とされる．あるいは，現在では，太陽エネルギー透過率なども光学薄膜の応用における重要な指標である．

屈折率は，真空中の光の速度と媒質中の光の速度との比率である．屈折率は光の波長に対して分散を示す．消衰係数 k は，光の電磁場の振動 1 回あたりの光強度の減衰量を示し，複素屈折率 $n^* = n + ik$ の虚部の係数である．消衰係数 k と単位長さあたりの光の減衰量を示す光吸収係数 α との間には，

$$\alpha = \frac{4\pi}{\lambda_0} k \tag{6.1}$$

の関係がある．ここで，λ_0 は真空中における光の波長である．消衰係数は，電磁波の 1 回の振動における，その吸収量を表し，吸収係数は単位長さあたりの電磁波の吸収量を表す．

薄膜の屈折率と消衰係数は，エリプソメトリー（偏光解析法）により求められる．より実用的な光学物性である分光透過率，あるいは分光反射率は，分光光度計による測定により求められる．この節では，エリプソメトリーによる屈折率と消衰係数の決定，および，分光光度計による分光透過率と分光反射率の測定について述べる．

6.4.1 エリプソメトリーによる屈折率および消衰係数の決定

エリプソメトリーとは，偏光した光を試料表面に入射し，その試料表面との相互作用による偏光状態の変化を解析し，屈折率と消衰係数を求める方法である．非接触で高精度の測定が可能である．偏光状態の変化は，反射において s 偏光と p 偏光で位相のずれおよび反射率の差異があるために生じ，s 偏光と p 偏光の位相差 Δ および s 偏光と p 偏光の振幅の比を表す反射振幅比角 $\tan\psi$ として表される．位相差 Δ および反射振幅比角 $\tan\psi$ は，光の波長，入射角度，薄膜の膜厚および物質の光学定数（屈折率および消衰係数）により決まる．偏光の状態を測定するために，一般には，回転検光子法という方法が用いられる．回転検光子法とは，光源側の偏光板を固定し，受光側の偏光板を回転させ，光強度の偏光板の回転に対する依存性から反射光の偏光状態を決定する方法である．単一波長の光を使う場合には，単層薄膜において薄膜の膜厚，屈折率，あるいは消衰係数のいずれかが既知であれば，位相差 Δ および反射振幅比角 $\tan\psi$ から，未知の二つの値を求めることができる．光の入射角度および波長を変えることにより，膜厚，屈折率，および消衰係数のすべてが未知であっても測定が可能であるが，各波長で得られる屈折率および消衰係数に波長分散があるため，三つの未知の値を計算することは困難である．多層薄膜における屈折率および消衰係数の決定を行う場合には，分光エリプソメトリーを用いる．Δ および $\tan\psi$ の波

長依存を求めるとともに，さらにシミュレーションにより各層の光学定数を求める．装置価格が高くはなるが，多層薄膜の光学定数を求めることができる，という利点は大きい．

エリプソメーター（エリプソメトリーを使った測定装置）の基本的な構造を，図6.6に示す．光源，偏光子，補償子，試料部，検光子，光検出器が基本的なエリプソメーターの構成である．単一波長の光を用いて測定を行う場合には，光源としてHe-Ne レーザ（波長 632.8 nm）を用いることが多い．分光型においては，重水素ランプ，タングステンハロゲンランプ，あるいはキセノンランプなどが使われる．偏光子により，光を直線偏光に変換する．補償子は，直線偏光を円偏光に変換するもので，1/4 波長板ともよばれ，検光子は光を消光させるための素子である．これを回転させることにより，反射光の偏光状態を観測し，$\tan\psi$ と Δ を決定することができる．検出器としては，フォトダイオードあるいは光電子増倍管が用いられる．アレイ式の分光エリプソメーターにおいては，CCD アレイあるいはフォトダイオードアレイが用いられる．

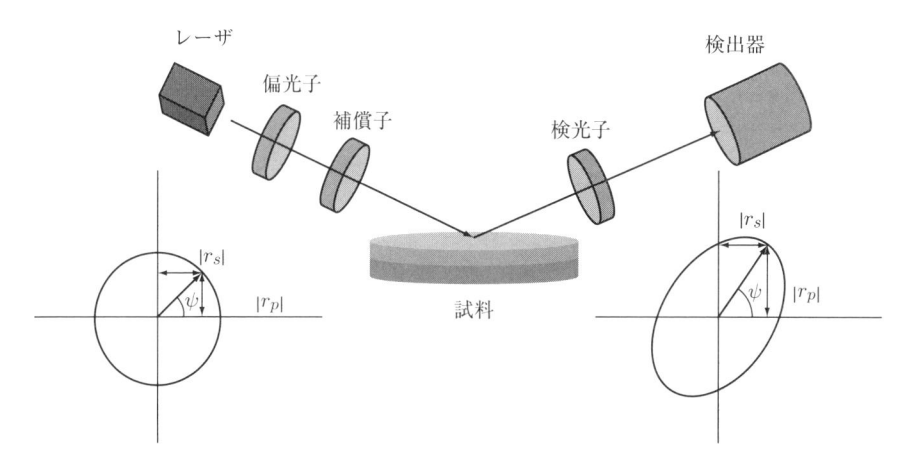

図6.6 エリプソメーターの基本構成

エリプソメーターは，多層光学薄膜の解析に必須の装置であり，また，光学膜厚のその場観察装置としての生産現場における需要も大きい．光学素子の高度化にともなってその重要性が増すとともに，より高精度かつ高速測定が求められている．

6.4.2 分光透過率および分光反射率測定

光学的な測定で最も多用されている方法が，分光透過率および分光反射率の測定である．一般に，紫外，可視，および近赤外域での測定が可能な装置を用い，その測定

波長範囲は 200 〜 3000 nm 程度である.

測定方法は,平行線(直線)測定と全光線測定とに大別される.拡散をも含めた透過率あるいは反射率が,全光透過率あるいは全光反射率であり,積分球を用いて測定される.拡散を含めない,すなわち,透過光測定では直線的に進んだ光のみを測定し,反射測定では定められた角度で幾何的に反射された光のみを測定することを平行線測定という.ただし,平行線測定とはいえ,当然,ある角度の範囲(視野角)をもった測定となる.

分光光度計の構造を,図 6.7 に示す.分光光度計は,光源,分光器,試料部,および検出器からなる.光源としては,一般には重水素ランプおよびタングステンハロゲンランプが使われる.重水素ランプは 185 〜 400 nm までの紫外域の光源として用いられ,タングステンハロゲンランプは 350 〜 3000 nm までの可視–近赤外の範囲の光源として用いられる.波長精度の高い分光光度計においては,分光器として回折格子が用いられる.波長精度は紫外可視域において 0.05 〜 0.1 nm 程度,近赤外域において 0.2 nm 程度である.試料室には,透過測定用と反射測定用,さらには前述のように,それぞれにおいて,平行線測定および全光線測定用のユニットが用いられる.検出器には,光電子増倍管(紫外–可視)および冷却型 PbS 光導電素子(近赤外)が用いられる.全光線測定に用いられる積分球とは,高い反射率と拡散率をもつ白色物質を内部にコーティングした球体である.球体内部に導入された光は,このコーティング表面で,拡散反射を繰り返し,空間的に積分され,その光強度は光源の広がりや入射角度に依存することがなくなる.積分球の球面に設置された検出器により,光の強度を測定する.白色コーティングには,硫酸バリウム $BaSO_4$ か特殊なポリマー材料などが使われる.

透過率測定においては,ベースラインとなる 0 % 測定と 100 % 測定を行ったあとに試料測定を行うことにより,再現性および精度の高い測定が可能となる.反射率測定においては,標準ミラーを用いた相対測定を行うが,汚れや表面の変質などによる標

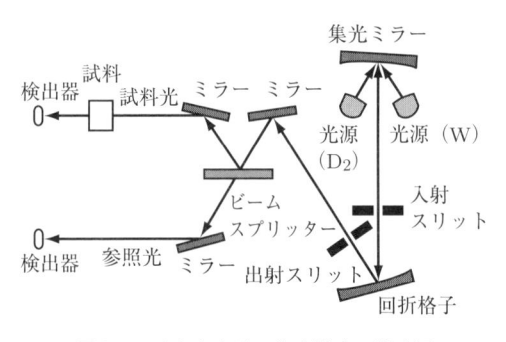

図 6.7 分光光度計の基本構成の模式図

準ミラーの反射率の変化により，測定の精度が得られないことが多い．この反射測定の欠点を解消する方法として，絶対反射率の測定が可能な光学系を用いる．この光学系を用いると，標準ミラーを用いた相対反射率の測定においては困難であった，数%程度の吸収率の評価が可能となる．

　薄膜試料の光学測定において注意すべき点は，薄膜試料への水分吸着による光学物性の変化である．薄膜試料はボイド（すきま）をもつ柱状構造をとることが多く，大気中では水分がボイド部分に入り込み，屈折率が変化する．測定に際しては，測定環境に十分に配慮する必要がある．

6.5　電気的物性の評価

　薄膜の代表的な電気物性は，抵抗率（導電率），キャリア密度，キャリア移動度，および誘電率である．試料が薄いために，たとえば，一般に抵抗率測定に用いられる棒状試料を用いた4端子法を使うことはできない．また，ホール効果測定においても，薄膜試料特有の測定法を用いる．しかし，試料が薄く，微小であることに十分注意すれば，測定は難しくはない．十分な測定精度を得る必要がある場合には，試料の大きさや測定位置の測定結果への影響や，ノイズの発生などにも考慮した測定を行う必要がある．

6.5.1　4探針法による抵抗率測定

　薄膜材料の抵抗率の測定で注意する点は，測定の対象となる試料が小さいために微小抵抗の測定となることと，試料の形態が薄いことである．まず，微小抵抗を測定するために，4探針式という方法を使う．これは，一対のテストリードとよばれる探針により，テスト電流を試料に流し，もう一対のセンスリードとよばれる探針で試料の電圧を測定する方法である．図6.8に，その配置を示す．センスリードには大きな電流が流れないために，その電圧降下がほとんど無視できる．したがって，ここで得られた電圧の値は，試料の抵抗による電圧と等しくなる．さらに，薄膜試料において，薄膜の厚みが電極間隔と比較して十分に小さい場合の近似式を用いて，抵抗率ρは，

$$\rho = \frac{Vt}{I}\frac{\pi}{\ln 2} \tag{6.2}$$

として求められる．ここで，Vはセンスリード間の電圧，Iは電流，tは膜厚である．

6.5.2　ホール効果測定

　キャリア密度および移動度を求める場合には，ホール効果測定を行う．簡便な方法

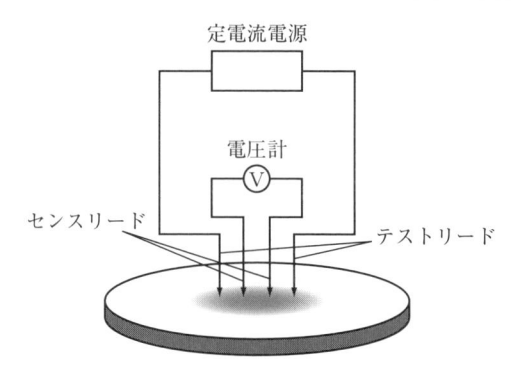

図 6.8 4 探針法による抵抗測定法

としてファン・デル・パウ（van der Pauw）法を用いる．図 6.9 に，測定用試料の模式図を示す．試料の周辺の 4 箇所にできるだけ小さい電極を形成する．銀ペーストやインジウムはんだで 0.5 mm から 1 mm 程度の電極を形成すればよい．各電極を ABCD とし，AB 間に電流 I_{AB} を流したときの CD 間の電圧降下を V_{CD} とし，同様に BC 間に電流 I_{BC} を流したときの DA 間の電圧降下を V_{DA} とする．

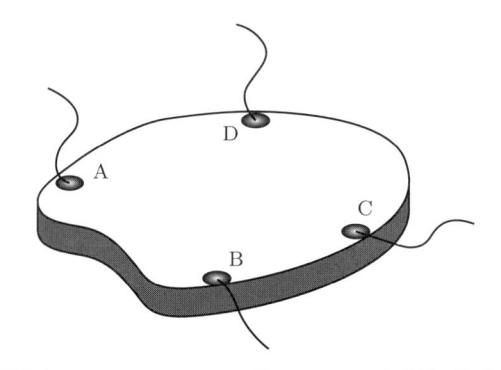

図 6.9 ファン・デル・パウ法における測定試料の模式図

$$R_{AB-CD} = \left|\frac{V_{CD}}{I_{AB}}\right| \tag{6.3}$$

$$R_{BC-DA} = \left|\frac{V_{DA}}{I_{BC}}\right| \tag{6.4}$$

とすると，抵抗率 ρ は，

$$\rho = \frac{\pi t}{\ln 2} \frac{R_{AB-CD} + R_{BC-DA}}{2} f \tag{6.5}$$

と表される．ここで，f は R_{AB-CD}/R_{BC-DA} の関数として表される係数である．R_{AB-CD}/R_{BC-DA} の比が 1.5 程度までであれば $f = 1$ とみなしてよい．

ホール係数 R_H は，BD 間に電流 I_{BD} を流したときに AC 間に発生する電圧 V_{AC} から求められる抵抗の値の，試料に垂直に磁場を印加した際の変化より求めることができる．すなわち，

$$R_{BD-AC} = \frac{V_{AC}}{I_{BD}} \tag{6.6}$$

とすると，

$$R_H = \frac{t}{B \Delta R_{BD-AC}} \tag{6.7}$$

となる．ここで，B は磁束密度であり，ΔR_{BD-AC} は磁場 B を印加したときの R_{BD-AC} の変化量である．このホール係数より，キャリア密度と移動度を求める．

6.5.3 誘電率

誘電率の測定には，一般に，容量法とよばれる方法を用いる．試料を金属電極ではさみ込むことによりコンデンサを形成し，測定した電気容量の値から誘電率を算出する．測定装置としては市販のインピーダンス測定装置を用いればよい．バルク材の測定においては，電極材料を，成形したバルク試料に押しつけて測定を行うが，薄膜試料では，一般には薄膜を基板からはく離して電極をつけることは困難である．そこで，図 6.10 のように，導電性基板上に作製された薄膜試料の上部にドット上の電極を作製し，サンドイッチ構造を形成して測定試料とする．誘電率 ε_r は，次の式により算出される．

$$\varepsilon_r = \frac{C_p t}{\frac{\pi}{4} d^4 \varepsilon_0} \tag{6.8}$$

ここで，C_p は等価並列容量，t は試料の厚み，d は上部電極の直径，ε_0 は真空の誘電率である．

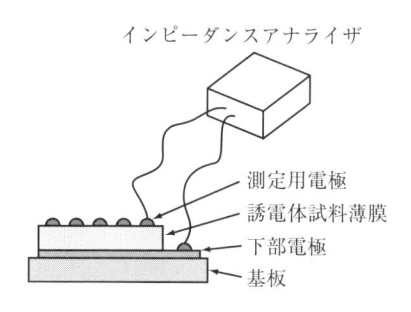

図 6.10　薄膜の誘電率測定における電極配置の模式図

試料を，デバイス作製や実際の使用とは異なる基板上に作製することになるので，基板の材質や粗さが試料薄膜の物性に影響を与えることを考慮しないといけない．また，上部のドット電極の形成も，理想的には真空中で連続的に行われるべきである．上部電極の試料への接触が不十分な場合には，もちろん測定に誤差を与える．試料が薄いことを考慮すれば，電極と試料間のすきまが微小であっても，測定結果に大きな影響を与えることは明らかである．上部電極作製のために試料をいったん大気にさらす必要がある場合には，水分の吸着や反応性ガスの吸着に十分に注意する必要がある．

6.6　機械的物性の評価

薄膜の機械的物性として代表的なものは，硬さ，弾性率，付着力，および耐摩耗性などである．いずれの測定においても，基板上に作製された薄い試料の物性を測るという点においての困難さがあり，測定結果を解釈する際にも，これに十分配慮する必要がある．ハードコーティングなどにおいては，まさに機械的物性にすぐれた薄膜を得て，基材の物性を改善することが目的であり，機械的物性の評価は欠かせない．付着力や耐摩耗性の評価は物理的な性質の評価とはいえず，より実用的な特性の評価である．しかし，薄膜の応用，あるいは実使用に最も近く，欠くことのできない評価である．

6.6.1　硬さと弾性率

薄膜材料の硬さを測定する場合には，微小押し込み硬さ試験機，あるいはナノインデンターとよばれる装置を使う．その模式図を，図6.11に示す．原理は一般的な押

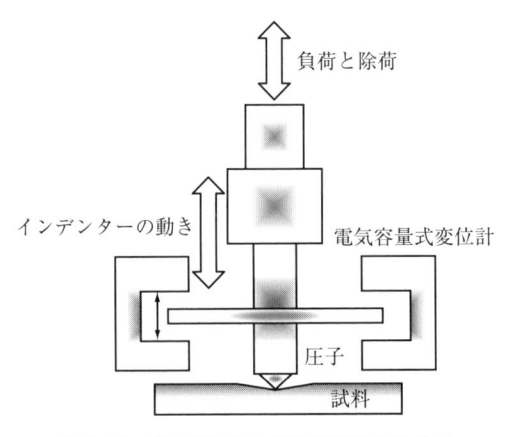

図6.11　微小押し込み硬さ試験機の模式図

し込み硬さ試験法であるビッカース硬さ試験機などと同様である．硬い圧子を薄膜材料に押しつけ，押しつける力と接触面積から硬さを算出する．大きな力で試料を押すと圧子が基板材料まで潜り込み，基板材料の硬さを測定することになってしまう．したがって，薄膜の硬さを測定する場合には，押し込み深さを小さくし，すなわち，圧子にかける力を小さくして測定する．厚さが数 100 nm 程度の薄膜の硬さを測定する場合には，10 mN 以下の荷重を圧子に加える．このときの侵入深さは，もちろん薄膜の硬さに依存するが，典型的にはおおよそ数 10 nm 程度となる．

微小押し込み硬さ試験機では，荷重を加えていくと同時に，圧子の変位も連続的に測定していく．この荷重−変位曲線における除荷時の傾きから弾性率を算出できる．荷重を負荷していく際に得られる荷重−変位曲線には，塑性変形による変位と弾性変形による変位の両者が現れている．これに対して，除荷時の荷重−変位曲線にはほとんど塑性変形は影響していない．したがって，除荷時の変位はほぼ弾性変形であるとの前提のもとに弾性率を得る．

6.6.2 付着力

付着力とは，薄膜を基板から引きはがすために単位面積あたりに必要な力である．また，ある界面を引きはがし，引きはがしにより形成された表面どうしを無限遠の距離に引き離すという意味において，付着エネルギーが定義される．凝集エネルギーと同様な考え方である．付着性を評価するためには，付着力を正確に測定することが求められるが，一般にそれは困難である．また，付着エネルギーを測定するためには，界面を引きはがすために必要な力とその変位を同時に測定することが必要であり，直接的な測定が困難であることは容易に想像できる．実際の付着力測定においては，薄膜を引きはがすために要した臨界荷重が測定されることが多く，測定値は N を単位として表されることが多い．たとえば，後述する引っ掻き法により付着力を測定する場合には，引きはがされた面積を定めることは困難であり，本来，明確に定義される値である付着応力（単位面積あたりの付着力）を求めることは困難である．このように，付着性を評価する指針および方法がいろいろとあるが，いずれも本質的に付着性を評価する方法ではないことが，付着性の評価を，そしてその普遍的な値を得ることを難しくしている．

薄膜材料の付着力を測定する場合には，マイクロスクラッチテスターあるいはナノスクラッチテスターとよばれる装置を使う．引っ掻き試験機の一種であるが，押し込み硬さ試験機と同様に，微小な荷重で圧子を押し込んでいくしくみとなっている．スクラッチテスターの模式図を，図 6.12 に示す．たとえば，最大の負荷を 10 mN と設定して，徐々に圧子を押し込んでいき，薄膜がはく離した荷重を付着荷重とする．薄

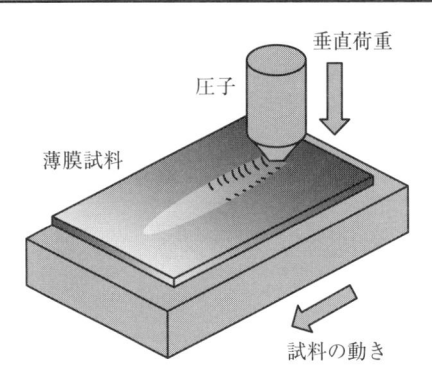

図 6.12　スクラッチテスターの模式図

膜の付着力を測定するために，スクラッチテスターには種々の工夫がなされている．たとえば，圧子の押し込み深さをスクラッチ試験と同時に測定することができ，スクラッチ痕の深さ方向への変化から，はく離のようすを分析することができる．ナノスクラッチテスターにおいては，荷重の分解能は $0.15\,\mu\mathrm{N}$，深さ分解能は $0.3\,\mathrm{nm}$ であり，厚さが $100\,\mathrm{nm}$ 程度の薄膜の付着力を測るために十分な仕様となっている．

　付着力の測定に際しては，薄膜と基板間の付着力が応力に影響されることに注意する必要がある．応力が大きい場合には，付着力が低めとなる．理想的には，応力がかかっていない試料を用いて付着力の測定を行うことが望ましいが，実際には，付着力を測定する薄膜試料の堆積プロセスにおいて，応力をなくすことは困難である場合が多い．したがって，付着力の測定を行う場合には，必ず同時に応力の評価も行うべきである．

6.6.3　応　力

　応力とは，物体の内部に考えた任意の単位面積を通して，その両側にある物体の部分が互いに相手に及ぼす力である．この面に垂直な成分を法線応力，平行な成分を接線応力という．薄膜においては，薄膜面に対して平行な方向の応力を問題とする．したがって，薄膜を垂直に切断した任意の仮想面にはたらく法線応力を考慮すればよい．応力を考慮した面に押しあう力がはたらいている場合を圧縮応力（Compressive stress）といい，引っ張りあう力がはたらいている場合を引張応力（Tensile stress）という．図 6.13 に，これを模式的に示す．圧縮応力と引張応力はよく誤解される．平坦なわみのない基板に薄膜が堆積した際に，薄膜を構成する原子どうしが基板と平行な方向に押しあう圧縮応力では基板が膜面を凸にして反り，逆に，原子どうしが引っ張りあう引張応力では基板が膜面を凹にして反ること，そして，基板が反った状態では薄膜のもつ応力は緩和されていることを理解するとよい．

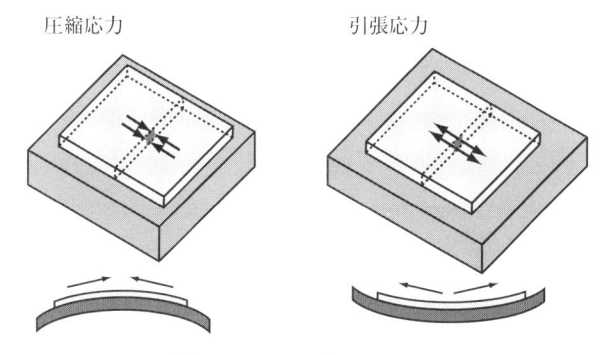

図 6.13 圧縮応力と引張応力

　薄膜において問題になる応力は，真応力とよばれる薄膜堆積過程に起因する応力である．薄膜と基板の熱膨張係数の差に起因する熱応力も問題となるが，低い基板温度において堆積した薄膜の応力の多くは，真応力である．窒化物や炭化物を非平衡なプロセスにおいて堆積した場合には，数 GPa という大きな応力が薄膜に発生することもある．薄膜デバイスの実用において，応力測定が重要となる．

　薄膜応力の評価方法は，次のように分類される．
① 基板のたわみを測定する方法
 - 直読法
 - 光学的方法
 - 電気的方法
② 格子ひずみを測定する方法
 - X 線回折法
 - ラマン分光法

基板のたわみを測定する方法においては，応力による反りが発生した基板のたわみを測定し，その大きさから応力を算出する．円盤状の基板の場合には応力 σ は，

$$\sigma = \frac{E_S D^2}{6(1-\nu_S)Rd} \tag{6.9}$$

から求められる．ここで，E_S は基板のヤング率，D は基板の厚さ，ν_S は基板のポアソン比，R は基板の曲率，d は薄膜の膜厚である．基板が短冊状の場合，応力 σ は，

$$\sigma = \frac{E_S D^2 \delta}{3L^2 d(1-\nu_S)} \tag{6.10}$$

$$\frac{1}{R} = \frac{\delta}{2L^2} \tag{6.11}$$

から求められる．ここで，δ は基板の反り，R は基板の曲率，L は基板の長さであ

る．いずれの式においても，基板のヤング率が小さく，厚さが薄く，そして膜厚が厚い場合に，求める応力に対して反りが大きくなることがわかる．また，短冊状の基板においては，その長さが長いほど精度よく応力を求めることができる．

円盤状の基板を用いる場合には，その曲率は干渉縞から求めることが多い．表面形状を測定する触針式装置を用いても，曲率を求めることができる．短冊状の基板を用いる場合には，その曲率は顕微鏡を用いた直読法，触針式装置を用いた方法などにより求めることができる．

格子ひずみを測定する方法においては，応力のある状態における格子面間隔と，応力のない状態における格子面間隔とを比較することにより，応力に起因するひずみを求め，このひずみの大きさから応力の大きさを算出する．この算出においては，一般には，試料が等方弾性体であると仮定している．また，基板が反らないこと，すなわち，応力が緩和されていないことが条件である．たわみ測定の場合とは逆に，ヤング率が大きく，厚みのある基板を使う必要がある．バルク材料においては，$\sin^2\Psi$法とよばれる方法が使われる．この方法では，対象となる材料はランダムに配向した微小結晶の集合体である必要がある．したがって，配向を示す薄膜材料にこの方法を使うことは困難である．そこで，薄膜では，単一の回折ピークからひずみを算出し，応力を求めるか，あるいは二つのピークよりひずみを算出し応力を求めることとなる．また，任意のΨ角を用いる$\sin^2\Psi$法に替わって，配向試料で特定のΨ角を用いて応力を求める方法も提案されている．

ひずみεは，応力のある状態における面間隔dと，ひずみのない状態における面間隔d_0より，次の式により表される．

$$\varepsilon = \frac{d_0 - d}{d_0} \tag{6.12}$$

応力σはここで求められたひずみから，

$$\sigma = \frac{E_F}{2\nu}\varepsilon \tag{6.13}$$

より求められる．ここで，E_Fは薄膜のヤング率，νはポアソン比である．

6.6.4 耐摩耗性

耐摩耗性の測定には，往復摩耗試験機やボールオンディスク試験機とよばれる装置が使われる．実用に即した方法で試料の耐摩耗性を評価することも多いが，ここではこの二つの方法について述べる．

（1） 往復摩耗試験機

往復摩耗試験機は，ボールオンフラットともよばれる．図6.14に示したように，

6.6 機械的物性の評価　137

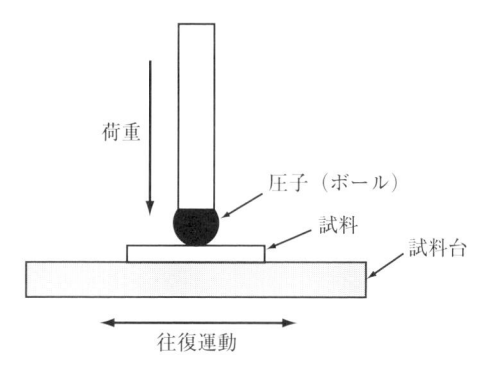

図 6.14　往復摩耗試験機の模式図

試料に圧子を所定の荷重で接触させておき，試料を往復することにより，摩耗試験を行う．試料を所定の回数往復させたあと，摩耗痕の形状を測定し，その断面積より摩耗量を算出する．往復距離は 5 mm 程度でよく，試料の形状を問わない．圧子にはステンレスあるいは超硬合金製のボールが使われることが多い．ピンを使うこともできるが，試料と面接触をさせる必要がある．用途に応じて鉛筆やステンレスウールなどを用いた摩耗試験も可能である．

試料が往復運動をする際に，同時に横方向の力を測定することにより，摩擦力を評価することもできる．

（2）　ボールオンディスク法

ボールオンディスク法では，円板型の試料上に圧子を接触させ，試料を回転させることにより，摩耗試験を行う．原理的には往復摩耗試験機と同じであるが，試料の運動の形態が異なる．使用する圧子の材質なども往復摩耗試験と同様である．ボールオンディスク法では，回転数に対して摩耗量を求める．横方向の力を検出することにより摩擦力を測定できる点も，往復摩耗試験機と同様である．

摩耗・摩擦は二つの物質の間で起こる現象であるので，当然，圧子の材質や形状によっても試験結果が違ってくる．また，とくに，雰囲気の湿度が摩擦係数および摩耗量に影響を与える．

硬くて，摩擦係数の小さい耐摩耗性にすぐれる薄膜であれば，一般の試験機で摩擦摩耗試験を行うことはあまり難しくはない．しかし，金属薄膜，さらには有機高分子薄膜など耐摩耗性に劣る薄膜では，試料が簡単に摩耗あるいははく離してしまい測定ができない場合がある．このような場合には，非常に小さな荷重で評価を行うか，あるいは実際の使用方法に応じた試験機を用いるなどの必要が生じる．

第7章 薄膜作製技術の応用

薄膜技術は，さまざまな分野で応用されており，第1章でも述べたように，われわれの生活になくてはならない存在になっている．本章では，半導体デバイス，液晶ディスプレイ，プラズマディスプレイ，記録メディア，薄膜太陽電池，光学薄膜，ハードコーティング，太陽エネルギー制御コーティング，ガスバリアコーティングなど各種の応用例を示す．

7.1 半導体デバイス

大規模集積回路（Large Scale Integration, LSI）は，薄膜作製技術を応用して，デバイスを薄く，細かくするものの代表である．薄膜技術は，コンピュータの高性能化に欠くことのできない技術となっている．もちろん，多機能携帯型デジタル端末，デジタルカメラやフラッシュメモリタイプの音楽プレイヤーなどのメモリも，薄膜技術により作製されている．簡単に大量のデジタルデータを蓄積して，これをいつでもどこでも使えるようになったのも薄膜作製技術の進歩の結果である．

LSIにおける薄膜作製技術の応用例として，金属-酸化物型半導体素子（Metal-oxide Semiconductor, MOS）を図7.1に示す．半導体素子においては，p型あるいはn型半導体はイオン注入技術により形成される．薄膜作製技術は，このp型あるいはn型の素子の

① ゲート電極，
② 電極配線および下地膜，
③ 絶縁膜，

などに使われる．

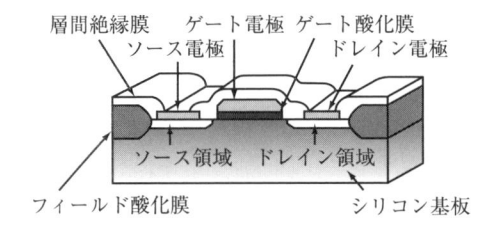

図7.1 金属-酸化物型半導体素子の構造の模式図

（1） ゲート電極

ゲート電極には，従来，Al が用いられていたが，Si ゲート電極を用いることにより，一挙に素子の密度を大きくする技術が開発され，Al ゲート電極が Si ゲート電極に置き換わった．この Si は多結晶薄膜であり，SiH_4 を原料に用いた熱 CVD 法により形成される．

（2） 電極配線

電極配線には，以前はスパッタリング法による Al 薄膜が用いられていたが，現在では，とくに集積度が高い素子においては，スパッタリング法により金属薄膜を形成したあとに，CVD 法，あるいはめっき法により電極を形成する方法が用いられることが多い．これは，図 7.2 に示したように，配線が多層化され，深い穴や溝の底の部分に均一に密な薄膜を形成する必要が生じ，スパッタリング技術ではうまく対応できなくなったためである．電極としては，抵抗率の小さい Cu を用いる．Cu 層は，主にめっき法により形成される．CVD 法による薄膜形成に適した原料がなく，しかたなくめっき法を採用したのであるが，現在では，めっき法も成熟したプロセスとなっている．

下地として形成される金属薄膜をシード層といい，この薄膜は，深い孔や溝の底への均一な薄膜形成を可能とする．イオン化スパッタリング法など粒子の方向性を制御できる特殊なスパッタリング法により堆積されている．さらに，シード膜の下地に

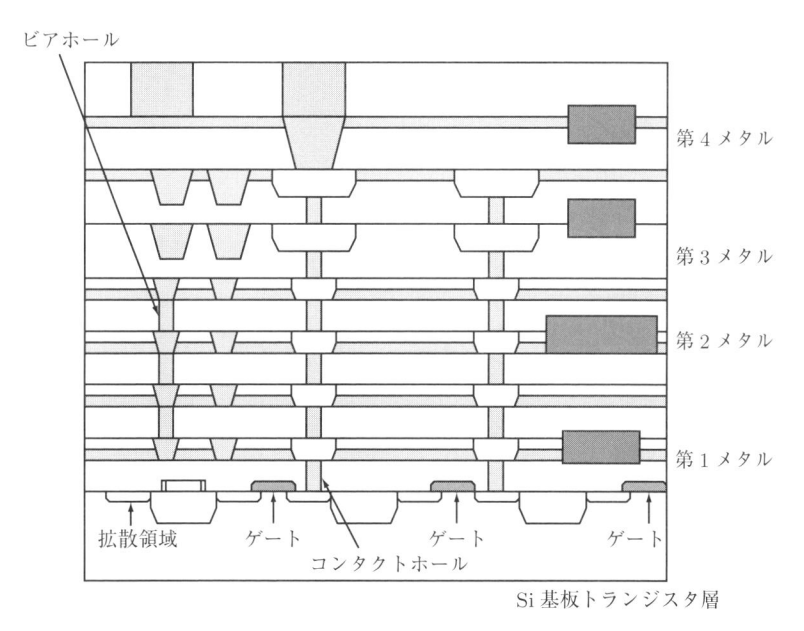

図 7.2　多層配線構造の例

は，バリア膜として TiN あるいは TaN などがスパッタリング法により形成される．これは，Cu が Si 基板中に熱拡散することを防ぐための層である．

集積度が低い素子では，現在でも，スパッタリング法により作製される Al 合金が電極として用いられる．Cu に比べると工程が単純であるという長所がある．

(3) 絶縁膜

電極間の絶縁膜としては，SiO_2 と Si_3N_4 が使われ，いずれの薄膜も CVD 法で形成される．SiO_2 薄膜形成においては，原料としてテトラエトキシシラン（Tetra-ethoxy-silane, TEOS）を用いることが多く，低温で緻密な薄膜を形成できる．Si_3N_4 の形成には，SiH_4 と NH_3 を原料とする反応性プラズマ CVD 法などを用いる．

(4) 近年の半導体デバイス

半導体デバイスとは，従来，MOS 構造をもつマイクロプロセッサーをさすことが多かったが，デジタルデバイスで処理する情報量の増大によるメモリの大容量・高速化への要求が大きくなり，メモリデバイスの役割が大きくなってきている．現在，最も多く使われているメモリは，NAND 型フラッシュメモリとよばれるものである．フラッシュメモリは，基本的には MOS 型 LSI である．しかし，新しい形のメモリとして注目されている抵抗変化型メモリや磁気抵抗メモリにおいては，従来，用いられることがなかった誘電体酸化物薄膜や磁性体金属薄膜などが用いられている．これらは，スパッタリング法などを用いて薄膜として堆積される．たとえば，磁気抵抗メモリは，コンピュータの瞬間的な立ち上げを可能とするメモリとしての実用化がターゲットとされており，薄膜堆積技術を含めた素子技術の改善によりこれらのメモリが実用化されれば，その経済的な効果は大きい．

現在の LSI は，単に薄膜形成あるいはエッチング技術を用いて素子を形成していくというよりは，すべてのプロセスを高度に複合化させた技術を高度に管理しながら製造されている．したがって，個々のプロセスの改善とともに，全工程を通してのバランスのよいプロセスの改善，あるいはコストの低減などが重要である．

7.2　液晶ディスプレイとプラズマディスプレイ

(1) 液晶ディスプレイ

液晶ディスプレイ（Liquid Crystal Display, LCD）は，コンピュータのディスプレイ，テレビ，デジタルカメラ，多機能携帯型デジタル端末などの表示部，そして家電製品などのパネルスイッチなどに使われている．テレビやコンピュータのディスプレイには，薄膜トランジスタ（Thin Film Transistor, TFT）型の液晶ディスプレイが用いられている．薄膜トランジスタはその名のとおり，薄膜技術を使ってトラン

ジスタを形成したものである．まさに薄膜技術のかたまりである．それに対し，家電製品や電卓などの表示に用いられる液晶素子は，TFT 型とは対照的に，単純な構造の薄膜電極を，スパッタリング技術とパターニング技術により形成しただけの素子が多い．

TFT 型液晶ディスプレイの構造を，図 7.3 に示す．2 枚のガラスに液晶をはさみ，液晶を並べ替えることにより，背面からの光を通したり遮ったりするのが基本原理である．

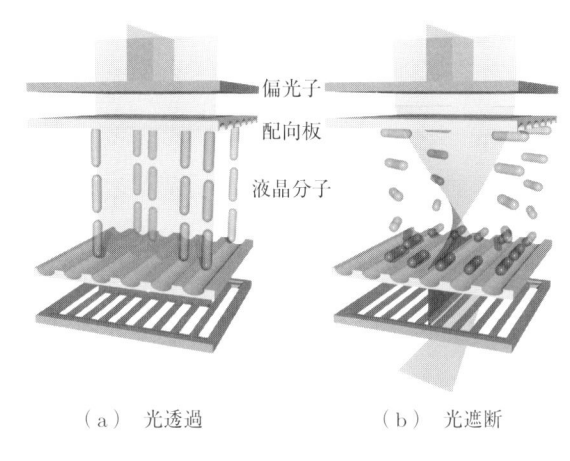

（a）光透過　　　（b）光遮断

図 7.3　液晶ディスプレイの動作原理

ガラス基板には，透明導電膜とよばれる透明で電気を通す薄膜が形成されており，透明導電膜にかける電圧を TFT で制御することにより，液晶の並び方を制御する．光源には小さな蛍光灯や LED が使われる．カラーディスプレイの場合には，赤青緑のカラーフィルターを用い，それぞれのフィルターを通過する光の強さを制御することにより色を出す．

TFT 液晶セルの構造の模式図を，図 7.4 に示す．アルミノケイ酸ガラスというガラス転移点の高いガラスを基板として，CVD 法により Si 薄膜を形成する．原料ガスには，SiH_4 を用いる．以前は，アモルファス（無定形）Si を用いることが多かったが，高精細かつ高速応答が求められる高機能液晶ディスプレイにおいては，多結晶 Si を用いる．多結晶 Si では，半導体の機能の目安であるキャリアの移動度が数 $100\,cm^2/(V\cdot S)$ とアモルファス Si の数 $cm^2/(V\cdot S)$ より大きくなる．

アモルファス Si 素子においては，画素を駆動するトランジスタのみがパネル内につくり込まれていたが，多結晶 Si を用いることにより，ソースドライバあるいはゲートドライバとよばれる回路もパネル内に組み込めるようになり，表示パネルとしての

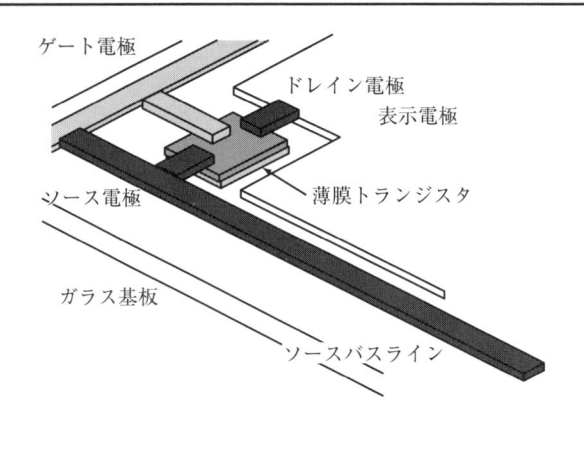

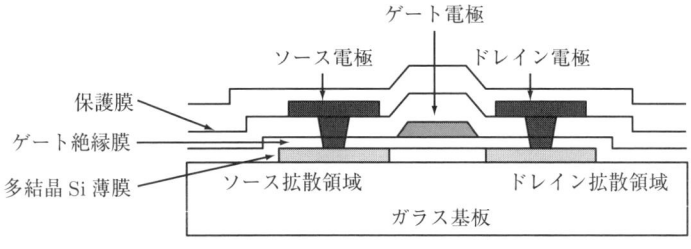

図7.4　液晶ディスプレイに用いられる薄膜トランジスタの構造の模式図

高精細化が実現された．多結晶 Si は，アモルファス Si 薄膜を堆積したあとに，これをレーザによってアニールすることにより形成される．プロセス温度は600°C程度と高くなる．電極は，スパッタリング法により作製される．Ag あるいは Al が材料として使われるが，安定性を増すために，ほかの金属を混ぜてあることが多い．絶縁膜は，CVD 法により，Si_xN_y膜あるいはSiO_2膜が形成される．

　液晶ディスプレイにおいて大切な役割を果たしている薄膜が，透明導電膜とよばれる薄膜である．可視光を通し，かつ電気をも通す，In と Sn の酸化物を混ぜた材料で，ITO（Indium tin oxide）とよばれる材料である．この透明電極に電圧を加えるかどうかにより，液晶の並び方を変えて，光の ON/OFF を行って画面を表示する．薄膜トランジスタは，この光の ON/OFF を高速に行うために用いられる．ITO 薄膜は，酸化物ターゲットを用いたスパッタリング法により作製される．1980年代には，その抵抗率を下げることが競われたが，現在では，ほぼ成熟した技術となっている．

(2) プラズマディスプレイ

　プラズマディスプレイ（Plasma Display Panel, PDP）は，LCD とともに薄型テレビとして普及している．PDP の動作原理を，図7.5に示す．薄膜作製技術からみ

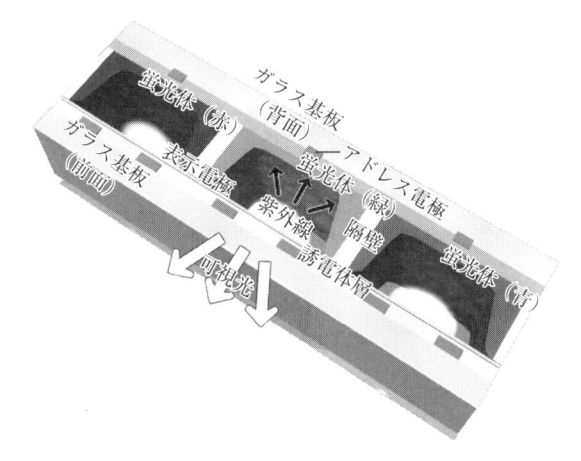

図7.5 プラズマディスプレイの構造

たLCDとPDPの差は，LCDが薄膜作製技術を駆使して生産されるのに対して，PDPは印刷技術を応用した厚い膜を作製する技術を駆使して生産される点にある．たとえば，LCDでは，薄膜作製技術によりパネル上に作製されている電極駆動用のトランジスタが，PDPではICとして外部に配置されている．PDPで薄膜作製技術が使われている部分は，放電セルの壁の部分にコーティングされている保護膜とよばれる酸化マグネシウム（MgO）膜で，蒸着法を用いて作製されることが多い．MgO膜は，放電の安定性や輝度の制御などに重要な役割を果たす．

(3) 液晶ディスプレイの将来

スマートフォンとよばれる高機能デジタル携帯端末やタブレットの普及により，液晶ディスプレイにはさらなる高精細化が求められている．現在では，6.1型とよばれる小型液晶ディスプレイにおいても，2560×1600の画素がつくり込まれている．今後，タブレット型端末やネットブックの普及とともに，水平画素数4000×垂直画素数2000前後の画素数をもつ高精細型中小型液晶への需要が増していき，有機ELなどのほかのディスプレイも含めてディスプレイの性能への要求はさらに厳しくなる．

7.3 記録メディアコーティング

ハードディスクドライブ（Hard Disk Drive, HDD）やDVD（Digital Versatile Disk）に用いられる記録媒体（メディア）は薄膜作製技術を用いて作製されている．

HDDに用いられる磁気記録メディアはスパッタリング法により生産されている．

HDD用メディアが開発された当初は湿式法により生産されていたが，より薄く均質な薄膜が堆積可能なスパッタリング法が湿式法にとって替わった．磁気記録メディアには面内磁気記録とよばれる方式が使われていたが，現在では，この方式に替わりより高密度記録が可能な垂直磁気記録方式が用いられてきている．面内磁気記録方式とは，磁気記録層のS極とN極とが薄膜の面方向に書き込まれていく方式である．これに対して，垂直磁気記録方式とは，S極とN極が薄膜の深さ方向に書き込まれていく方式である．面内磁気記録と垂直磁気記録における磁極の並び方を，図7.6に示す．

磁気記録においては，強磁性体であるCo薄膜に磁極を書き込んでいく．しかし，記録媒体薄膜はCo薄膜のみから構成されるわけではなく，下地層や保護層なども含んだ構成となっている．また，Co磁気記録層も磁化の安定性を保つために，ほかの金属あるいは酸化物と複合化された薄膜となっている．

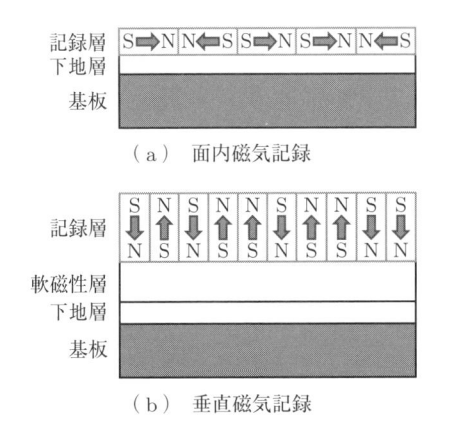

図7.6 面内磁気記録と垂直磁気記録における磁極の並び方

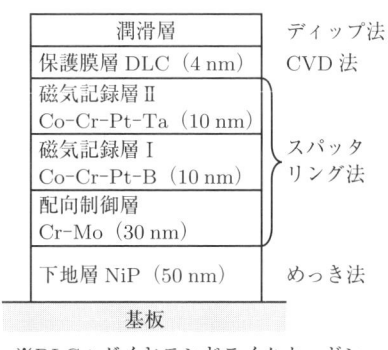

図7.7 面内磁気記録方式の記録媒体の構成

（1） 面内磁気記録方式

図7.7に示したように，面内磁気記録方式の記録媒体の薄膜構成は，NiPめっきからなる下地層，磁性層の配向を制御するCr合金層，データを記録する磁性層，磁性層を守るDLC保護層からなる．下地のNiP層は無電解めっきにより作製される．Cr合金層および磁性層はスパッタリング法により作製される．DLC層はスパッタリング法あるいはCVD法により作製される．スパッタリング法で作製される各層は金属薄膜であり，薄膜作製としてはあまり難しくはない．いずれの層も金属あるいは合金のターゲットを用いて作製される．磁性層において十分な磁気特性を得るためには，nmサイズでの材料設計が必要になる．この材料設計にもとづいた粒子の分布な

どをもつ磁性層を，再現性よく生産することがメディアの特性を保つうえで必要となる．材料としては，Co-Cr-Pt-Ta の合金が用いられる．さらに，B や Nb を加えた5元の合金を用いることもある．DLC 層は保護層とよばれており，信号を読み書きするためのヘッドが直接磁性層に触れないようにするための膜である．DLC 層の上には，さらに薄く潤滑剤が塗布されている．以前の技術では，HDD を停止させた際にヘッドが DLC 層に接しながら停止するように設計されていたため，DLC 層が摩耗したりはがれたりすると，一気に磁性層まで摩耗が起こり，HDD メディアとして使えなくなるということが起こっていた．現在の技術では，ヘッドが記録領域から待避したあとに，ドライブが停止する．これにより，ドライブの信頼性が飛躍的に向上した．

（2） 垂直磁気記録方式

垂直磁気記録方式の記録媒体においては，磁気記録層に加えて，その下層として軟磁性層が堆積される．垂直磁気記録方式記録媒体の薄膜構成を，図 7.8 に示す．軟磁性層により，書き込みヘッドにより形成された磁力線が記録層薄膜において垂直方向に向くように設計されている．ほかの膜構成は面内磁気記録方式とほぼ同様であるが，下地層により磁気記録層を配向させたり，磁気記録層の成分に酸化物を加えることにより，内に垂直に配置された磁区を安定化させたりする工夫などがなされている．垂直磁気記録方式においては，600 Gb/inch^2 という高密度化が実現されている．面内磁気記録方式の限界とされていた 200 Gb/inch^2 をはるかに凌ぐ密度である．3.5インチ型ドライブにおいて，1枚の基板上に 1 TB の記憶容量を可能とする．しかし，デジタル映像機器向けの記憶素子としての応用などで，さらなる大容量化が求められており，この先も高密度化が進むと考えられる[1]．

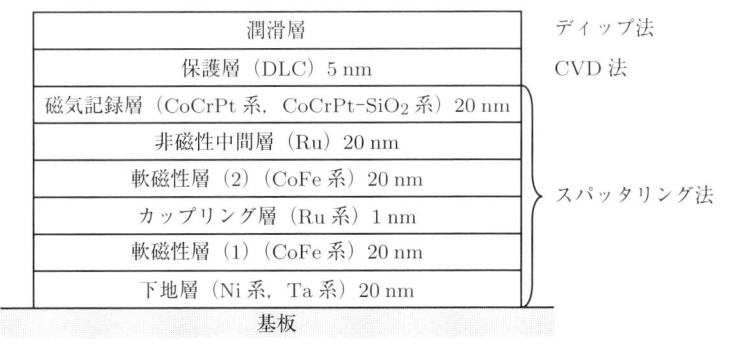

図 7.8 垂直磁気記録方式の媒体の構成

(3) DVD

DVDは繰り返し記録型と1回記録型とにわかれる．繰り返し記録型DVDはレーザ光による書き込み・読み取りを用いた記録メディアである．図7.9に，繰り返し記録型DVDメディアの構造を示す．GeSbTeの三元化合物，あるいはAgInSbTeの四元化合物からなるアモルファス合金の記録層を，誘電体層ではさみ込んだ形となっている．記録層の結晶性を，レーザ光による瞬間的な加熱を用いて制御することにより，レーザ光に対する反射率を変化させてデータの書き込み，あるいは消去を行っている．反射層は，AlまたはAg合金層からなるアモルファス合金層を通過してきたレーザ光を反射するためのものである．繰り返し記録型DVDメディアのすべての層は，スパッタリング法で生産される．1回記録型DVDメディアの記録層は有機色素からなり，塗布法により形成される．反射層は繰り返し記録型と同様に合金層がスパッタリング法により形成される．記録層を2層とした場合には，中間反射層のレーザ光に対する反射率を低くすることにより，それぞれの層からの信号を読み取れるようにしている．ブルーレイ（Blu-ray®）ディスクの記録方式および構成は，基本的にはDVDと同様である．書き込みあるいは読み取りに用いるレーザ光を短波長にするとともに，記録面の位置もレーザ側に寄せることにより，高密度化を達成している．記録ピッチ（データを記録する列の間隔）は，DVDでは$0.74\,\mu m$であるのに対して，ブルーレイディスクでは$0.32\,\mu m$となっている．ブルーレイディスクにおいては，記録層としてGeTe-Sb_2Te_3，GeTe-Bi_2Te_3などのスパッタリング膜が使われている．記録層を2層とする方式においては，50 GBの記録容量をもち，6時間に及ぶ地上デジタル放送を記録できる．さらに，3層の記録層で100 GBの記録容量をもつメディアも商品化されている．

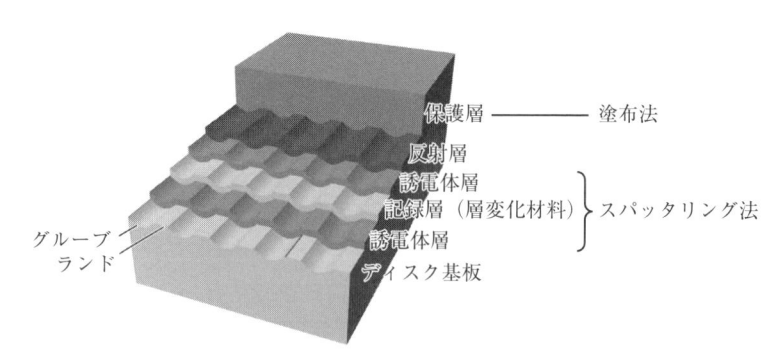

図7.9 デジタル多用途ディスク（DVD）記録媒体の構造

7.4 太陽電池

太陽電池には大きく分けてバルク型と薄膜型がある．単結晶ウェハーあるいは多結晶インゴットを使うものがバルク型であり，ガラスやステンレス基板上に薄膜プロセスのみにより太陽電池を構成する方式が薄膜型である．バルク型太陽電池はSi系および化合物半導体系に分かれるが，民生用途として使われているものはほとんどがSi系である．薄膜型太陽電池も同様に，Si系および化合物半導体系に分かれる．近年，高い変換効率をもつ，化合物半導体系の割合が増えてきている．

バルク型結晶シリコン系太陽電池においては，拡散法によりSiウェハーにpn接合を形成する方法が主流であったが，近年，ヘテロ接合（Hetero-junction with Intrinsic Thin Layer, HIT）型とよばれるアモルファスSi薄膜を単結晶上に堆積することにより，pn接合を形成する構造が，高効率Si結晶型太陽電池として実用化されている．図7.10に，両者の構造を示す．ヘテロ接合型太陽電池においては，p型/i型層を積層させたアモルファスSi薄膜，およびi型/n型層を積層させたアモルファスSi薄膜を，薄く切り出した単結晶シリコン片の両面に堆積させる．薄膜堆積には，CVD法が用いられる．拡散法による接合形成に比較して，薄膜堆積法ではより急峻な界面が形成される．接合界面が急峻となったことにより，キャリア再結合によるキャリアの損失が低減され，発電効率が向上したと報告されている．研究段階において23％，モジュールにおいて18％の発電効率が達成されている．

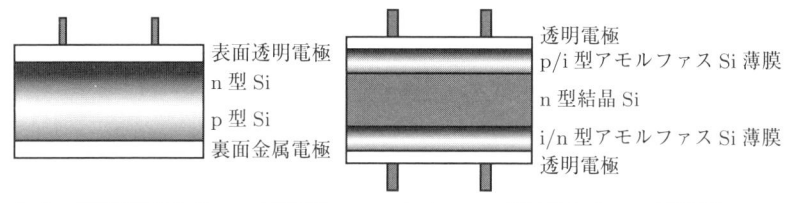

（a） 拡散型結晶シリコン太陽電池　　（b） HIT型結晶シリコン太陽電池

図7.10 不純物拡散による結晶シリコン太陽電池とヘテロ接合型結晶シリコン太陽電池の構造の模式図

Si系薄膜型太陽電池は，さらにアモルファスSi薄膜系と微結晶Si薄膜系に分類される．アモルファスSi系薄膜太陽電池の一般的な構造を図7.11に示す．

アモルファスSi薄膜を用いた太陽電池は，主に時計や電卓などに用いられてきた．効率の向上が望めないことや光劣化を起こすことから，単体としては，現在では住宅用太陽電池としては主流ではない．一方，微結晶Si薄膜太陽電池は，長波長域の光に対する変換効率にすぐれ，光劣化を生じないという特徴をもつ．アモルファスSi

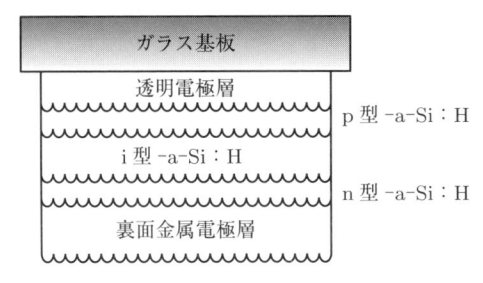

図 7.11 アモルファスシリコン薄膜太陽電池の構造

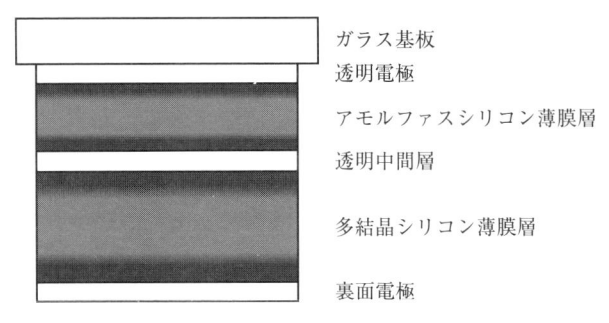

図 7.12 タンデム構造シリコン薄膜太陽電池の構造

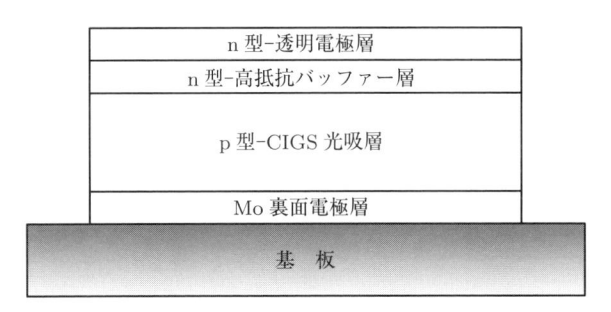

図 7.13 CIGS 系化合物薄膜太陽電池の構造

薄膜と組み合わせることにより，いわゆるタンデム構造として住宅用太陽電池に用いられている（図 7.12 参照）．微結晶シリコン薄膜は，CVD 法により堆積されるが，薄膜堆積速度を高くするために，超高周波プラズマ CVD 法を用いている．発電効率として 10％以上を達成している．

化合物半導体薄膜太陽電池は，CIGS（Cu(In-Ga)(S, Se)$_2$），あるいは CdTe を光吸収層に用いたものに代表される．CIGS 系化合物薄膜太陽電池の構造を図 7.13 に示す．CIGS 系では，モジュール変換効率 15％を達成し，研究段階においては 20％を超える効率が報告されている．CdTe 系では，モジュール変換効率 12％を達

成し，研究段階においては17％以上の変換効率が報告されている．薄膜シリコン系太陽電池に比べて高い変換効率が達成されており，薄膜太陽電池の主流となってきた．CIGS系薄膜は，多源蒸着法あるいはスパッタリングにより堆積した金属薄膜を硫化・セレン化する後硫化・セレン化法により生産されている．CdTeは，Cdを蒸発源として，Cdを比較的圧力が高い状態にあるTe蒸気と反応させる近接昇華法，あるいは高速蒸気移送法とよばれる方法により生産されている．いずれの化合物薄膜も，Se, S, あるいはTeという，真空装置内での扱いが難しく，かつ金属に比較して高い蒸気圧をもつ材料を含むが，種々の工夫により安定的な生産方法が確立された．今後，高効率商用セルを実現できる，低コスト薄膜堆積技術の開発が求められる．

7.5 光学薄膜

光学薄膜には，反射防止コーティング，増反射コーティング，光学フィルターなどがある．いずれも高屈折薄膜と低屈折率薄膜を交互に積層して，所望の光学特性を得る．光学薄膜もほとんどは蒸着法により作製されるが，一部はスパッタリング法あるいはCVD法により作製される．

(1) 反射防止コーティング

光学薄膜には，反射防止コーティング，光学フィルターなどがある．最も身近なのは，めがねレンズの反射防止コーティングである．裏面からの映り込みを防ぎ，まぶしさを抑えるとともに，前面からの光の透過率を高め明るさを増し，クリアーな視界を確保する．一般には，高屈折率材料と低屈折材料の4層の組合せからなる．単層のコーティングによる反射率の低減も可能であるが，可視光域という広い範囲にお

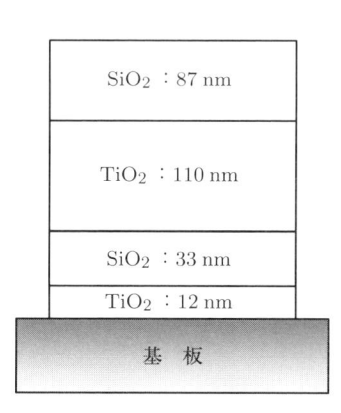

SiO_2：87 nm

TiO_2：110 nm

SiO_2：33 nm

TiO_2：12 nm

基　板

図7.14　代表的な4層反射防止コーティングの構成

いて反射を抑制する場合には，多層コーティングを用いる．代表的な反射防止コーティングの構成を，図7.14に示す．反射防止コーティングは，一般には電子ビーム蒸着法で生産される．コーティングの施されていないレンズでは，反射率は10%弱程度であるが，コーティングを施すことにより，これを数％に抑えることができる．時計などのガラスに反射防止コーティングが施されていたり，美術館などの展示ケースの前面ガラスに施されたりする．

車のバックミラーに使われている防眩(ぼうげん)ミラーにも，同様の原理にもとづく光学薄膜が使われている．黄色から赤の範囲の光の反射を抑えて，ヘッドライトの映り込みによるギラギラした眩(まぶ)しさを抑えている．防眩処理がなされているミラーの反射は，青紫に見える．欧米の車には多く採用されているが，日本車での採用割合は低い．

カメラのレンズにも，反射防止コーティングが施されている．カメラの光学系は数枚のレンズの組合せから構成されており，それぞれのレンズの表面における反射を抑える必要がある．色合いを損なわないようにしながら，反射を抑え，かつ得られる像をクリアーにする．原理的には難しくないが，レンズの光学的特徴を踏まえたうえで，反射率を抑えながら，いかに色合いを自然なものにする薄膜を設計するかがキーポイントである．もちろん，プロが使うテレビカメラのレンズにも，同様に種々の光学薄膜が使われている．われわれが毎日見ているテレビ映像も，間接的ではあるが，光学薄膜の恩恵にあずかっている．デジタル高画質の時代になり，より一層精度の高い光学薄膜の設計と生産が求められている．

小さな部品にも反射防止コーティングが施されている．光ディスクドライブのピックアップレンズは直径がわずか3 mm程度である．このレンズにも反射防止コーティングが施されている．

ディスプレイの表面への映り込みも光学コーティングにより抑えられている．4層程度の反射防止コーティングが多い．ノングレアとよばれる，表面に凹凸をつけて反射をやわらげる手法もある．しかし，高解像度のディスプレイでは，表示のシャープさが失われるためにノングレア法は用いられておらず，多層コーティング法による反射防止が一般的である．液晶ディスプレイでは，偏光フィルムとしてトリアセチルセルロースフィルムが表面に貼り合わせてある．反射防止コーティングは，このフィルム上に施される．帯電防止機能をもたせるために，導電性薄膜であるIn-Sn酸化物を高屈折材料として用いることもある．

(2) 増反射コーティング

反射防止コーティングの逆である増反射コーティングも使われている．鏡の反射率を高めるコーティングである．たとえば，コピー機の光学系には何枚かの鏡が使われている．鏡といえども入射光と同じ強さをもつ光を反射することはできない．した

がって，一枚一枚の鏡で反射する光は少しずつ弱くなる．何枚もの鏡が組み合わされれば，この損失が無視できなくなる．そこで，この鏡の反射率を少しでも高めるためのコーティングが増反射コーティングである．鏡としては，通常，Alがコーティングされている．このAl表面にコーティングを施し，反射率を高め，コーティングを施さない場合に10%近くある損失を，数%に抑えている．

(3) 光学フィルタ

いまや，われわれの生活になくてはならない光通信の世界においても光学薄膜が使われている．DWDM (Dense Wavelength Division Multiplex) とよばれる高密度波長多重光通信システムである．1本の光ファイバーにいろいろな波長の光を同時に重ねて通し，そして，一つ一つの波長の光にそれぞれ別々の信号を送り，大量のデータのやりとりを可能とする．この方法では，いろいろな波長の光を，合わせたり分割したりする必要があり，この合波および分波のキーテクノロジーとして，光学フィルターが用いられている．低屈折率材料と高屈折材料の組合せという基本構造は反射防止膜と同じであるが，狭い波長の範囲で分光する必要があるために，薄膜の層数は100層を超え，生産にはほぼ一日を要する薄膜である．高精度な膜厚の制御技術が，DWDM用の多層フィルターの生産を可能にしている．光通信においては，DWDMのほかにも種々のフィルターや反射防止膜が使われている．蒸着法により生産されるが，単純な蒸着法では緻密な薄膜を得ることができないので，薄膜をより緻密にし，屈折率を高くすると同時に水分の吸着による屈折率変化を抑えるために，イオンアシスト蒸着法やイオンプレーティング法を用いて薄膜を緻密化する．

ここで述べた以外にも，多くの分野で光学薄膜が使われている．今後，映像のデジタル化が進み，さらに光通信の需要も大きくなる．光学分野あるいは光通信分野などにおける光学薄膜の重要性はさらに増していく．

7.6 太陽エネルギー制御コーティング

まわりの光景を鏡のように写している高層ビルディングを目にすることがある．コーティングが施されたガラスを用いたビルディングである．見栄えをよくするために，壁面全面にガラスを用いることも多い．コーティングが施されたガラスは，ビルディングのデザインとして用いられるとともに，太陽光による熱が室内に入ることを防いでいる．熱の透過率が最も小さいガラスは，スパッタリング法により金属層をガラス面にコーティングしたものである．金属層としては，Tiやステンレスが使われる．高性能のコーティングガラスでは，80%近くの太陽熱を遮蔽し，ビルディングにおける，冷房負荷を低減する．

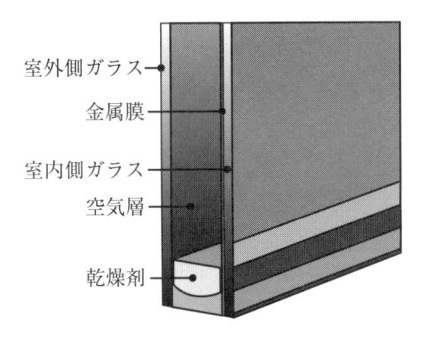

図7.15 Low-E複層ガラス（断熱型）の断面構造

（室外側ガラス／金属膜／室内側ガラス／空気層／乾燥剤）

家庭用では，2枚のガラスで空気層をはさみ込んだ複層ガラスにコーティングガラスが使われ，低輻射（Low-E）複層ガラスとよばれる．その構造を，図7.15に示す．

室温付近の熱の輻射を抑える役割を果たすのは，10 nm程度の厚さのAgを主成分とする合金薄膜である．このAg薄膜を，可視光の反射を抑えるための誘電体層ではさんでいる．一般家庭の窓で使うために，可視光の透過率を高めており，また，ほとんど色がついていない．夏季に室内への太陽熱の入射を抑えるとともに，冬季の暖房使用時には室内から室外へ熱が逃げることを防ぐ．太陽熱の遮蔽率は40％程度であり，ビルディングに用いられる熱線遮蔽ガラスに比べるとその割合は低い．同時に，紫外線の50～80％をカットし，カーテンや家具の紫外線による変色を防ぐ[4]．冬季の暖房時に室内から室外に逃げる熱は，コーティングがない場合に比べて約半分近くに抑えることができる．暖房負荷の大きい地域では有効である．

今後，ますますエネルギー問題がクローズアップされ，ビルディングあるいは家庭用の熱制御のためのコーティングガラスへの需要は大きくなると考えられる．

7.7　ハードコーティングと装飾コーティング

ハードコーティングとは，その名のとおり硬い薄膜である．機械部品などの表面を硬くして，摩耗を減らし，部品の寿命を延ばしたりするために使われる．低摩擦材料をコーティングして耐摩耗性を上げることも多い．丈夫な薄膜であり，また，金色の光沢をもつ薄膜も得られることから，装飾膜としても使われる．いろいろなハードコーティングを，表7.1にまとめる．

われわれの最も身近にあるハードコーティングはTiNである．時計の縁やバンド，めがねの枠，ドアの取手などの装飾コーティングに多く用いられている．硬くて摩耗しにくく，化学的にも安定であり，そして美しい金色の反射をもつことから，装飾としての比重が大きい応用に用いられている．ホローカソードイオンプレーティング

表7.1 ハードコーティングのいろいろ

材料	特徴	応用			
		高硬度膜	耐摩耗膜	耐高温酸化膜	装飾膜
TiN	高硬度，耐摩耗，金色光沢	○	○	—	◎
TiC	高硬度，銀色光沢	◎	○	—	—
CrN	耐摺動摩耗	○	◎	—	—
TiAlN	耐高温酸化，耐食	○	—	◎	—
TiCrN	耐摺動摩耗	○	◎	—	—
ZrN	高硬度，耐摩耗，金色光沢	○	○	—	○
DLC	耐摩耗，低摩擦	—	◎	—	—

［注］ DLC：ダイヤモンドライクカーボン

法，アークイオンプレーティング法，あるいはスパッタリング法により作製される．不純物が多かったり，組成が定比からずれていたりすると色合いが悪くなる．耐摩耗性コーティングやハードコーティングとしては，TiC薄膜，TiAlN薄膜，あるいはDLC薄膜が使われる．TiCは硬さにすぐれ，工具などの寿命を長くするためのコーティングに最も多く使われる．機械産業をはじめとしてその応用は広い．TiAlN薄膜も同様に，工具などのコーティングに使われる．耐熱性にすぐれるという特徴をもち，熱遮蔽コーティングに用いられることが多い．熱遮蔽コーティングとは，ガスタービンなどのブレードを高温から守るためのコーティングである．タービンの運転温度を高くすることができ，熱効率の改善につながる．DLCは摩擦係数が小さいため，摺動部分などの耐摩耗コーティングとして使われる．

7.8 ガスバリアコーティング

ガスバリアコーティングは，プラスチックフィルム上に施され，主にH_2OとO_2の透過を防ぐ目的のために使われる．プラスチックの包装用フィルムは，気体分子を微量ではあるが透過する．この気体透過を防ぐ目的のコーティングである．これまでは，アルミ箔を貼り合わせて気体の透過を防いでいたが，リサイクル性を向上させたり，また包装フィルム自体を薄くしたりすることを目的として，薄膜のバリアコーティングを施したフィルムの使用が増えている．スナック菓子や個別包装のティーバッグ，あるいは医療用の薬品の包装などの金属コーティングが代表的である．スナック菓子の袋や個別包装のコーティングは，袋のなかの菓子やお茶の葉の酸化を防ぐ．炭酸飲料やお茶のペットボトルにコーティングが施されている場合もある．炭酸

飲料の場合には，炭酸ガスが外部へ漏れてしまうことを防ぎ，お茶の場合には外部からのO_2の侵入によるお茶の酸化を防いでいる．特殊な例では，においの成分が外部へ漏れたり，失われることを防ぐために用いられることもある．

ガスバリアコーティングは，金属あるいは金属酸化物の薄膜からなる．種々の薄膜のガスバリアコーティングの特性を，図7.16に示す．O_2およびH_2Oの透過をコーティングにより抑えることができることがわかる．包装の内部が見えるほうが望ましい場合には，透明なSiO_2あるいはAl_2O_3コーティングを用いる．さらに，SiO_2あるいはAl_2O_3コーティングには，電子レンジの使用が可能であるという特徴がある．

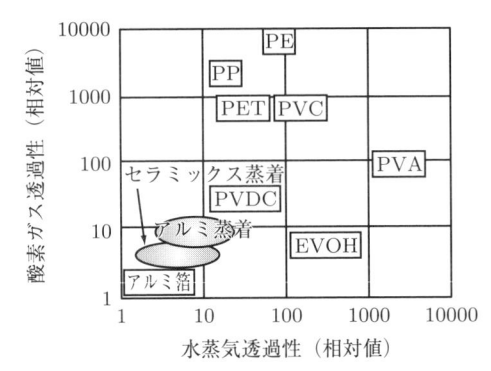

PE：ポリエチレン　　　　　　PP：ポリプロピレン
PET：ポリエチレンテレフタレート　PVC：ポリ塩化ビニル
PVA：ポリビニルアルコール　　PVDC：ポリ塩化ビニリデン
EVOH：エチレンビニルアルコール

図7.16　包装用フィルムのガス透過性の概要

金属コーティングでは，一般的にAlを用いる．Alコーティングは，蒸着法により形成されることが多い．包装用のガスバリアコーティングでは，フィルムに薄膜をコーティングしたあとに，コーティング面を内側にして，コーティングしたフィルムをもう1枚のフィルムと貼り合わせ，コーティングを保護している．酸化物バリアコーティングは，蒸着法あるいはCVD法により形成される．Al_2O_3は，ガスバリア性能ではSiO_2に劣るが，コストが安く，また，柔軟性にもすぐれる．PETボトルへのコーティングにおいては，プラズマCVD法によりボトル内部にDLCをコーティングしたり，外部にSiO_2をコーティングしたりする．国内では緑茶用に，国外ではビール用にすでに実用化されている．

ガスバリアコーティングは，今後，ますますその重要性が高くなってくる．食品などの包装のみならず，とくに，医療用などの新しい分野での伸びが期待される．

参考文献

第2章
《一般的な参考書》
〈真空の基礎〉
1) 堀越源一：真空技術（第3版），物理工学実験4，東京大学出版会，1994．
2) 戸田盛和：分子運動30講（物理学30講シリーズ），朝倉書店，1996．
3) 小宮宗治：わかりやすい真空技術，オーム社，2002．
4) 日本真空協会真空技術基礎講習会運営委員会編集：わかりやすい真空技術（第3版），日刊工業新聞，2010．
5) P. W. Atkins 著，千原秀昭・稲葉 章訳：アトキンス 物理化学要論（第5版），東京化学同人，2012．
6) John F. O'Hanlon, A User's Guide to Vacuum Technology 3rd edition, Wiley-Interscience, 2003.

〈プラズマの基礎〉
1) Brian Chapman, Glow Discharge Processes: Sputtering and Plasma Etching, Wiley-Interscience, 1980.
2) Francis F. Chen 著，内田岱二郎訳：プラズマ物理入門，丸善，1977．
3) 市川幸美，堤井信力，佐々木敏明：プラズマ半導体プロセス工学 －成膜とエッチング入門－，内田老鶴圃，2003．

第3章
1) David R Lide, CRC Handbook of Chemistry and Physics, 88th Edition, pp6.61-6.66, CRC Press, 2007.
2) B. A. Movchan, A. V. Demchishin, Physics of metals and metallography, 28, 653, 1969.
3) K-H. Muller, in Handbook of Ion Beam Processing Technology Eds, J. J. Cuomo, S. M. Rossnagel, H. R. Kaufman, Ch. 3, Noyes Publicaion, Westwood, NJ, USA, 1989.

《一般的な参考文献》
1) 日本学術振興会薄膜第131委員会編：薄膜ハンドブック（第2版），オーム社，2008．
2) Rointain F. Bunshah, DEPOSITION TECHNOLOGIES FOR FILMS AND COATINGS, Noyes Publications, 1982.
3) Gerd M. Rosenblatt, Evaporation from Solid, in Treaties on Solid State Chemistry 6A, edited by N. B. Hannay, 165, 1976.
4) K. A. Gingerich, MOLECULAR SPECIES IN HIGH TEMPERATURE VAPORIZATION, in Current Topics in Materials Science 6, edited by E.Kaldis, 145, 1980.

5) H. K. Pulker, Coatings on Glass, Elsevier, 1999.
6) J. L. Vossen, Thin Film Processes II, Academic Press, 1997.

第4章
1) P. C. Zalm, J. Appl. Phys. 54, 2660, 1983.
2) N. Legreid, G. KWehner, J. Appl. Phys. 32, 365, 1961.
3) H. L. Bay, Nucl. Inst. Methods in Phys. Res. Sect. B, 18, 1-6, 430-445, 1986.
4) G. K. Whener and G. S. Anderson, in Handbook of Thin Film Technology. Eds L. I. Misses and R. Glang, Ch 3 pp.23, McGraw-Hill, New York, 1970.
5) Kevin Meyer, Ivan K. Schuller, and Charles M. Falco, J. Appl. Phys. 52, 5803, 1981.
6) W. D. Westwood, J. Vac. Sci. Technol., 15, 1, 1978.
7) B. Window, Proc. of The 1st Intl. Symp. Sputtering. Plasma Processes, Tokyo, Japan, 33, 1991.
8) S. Beisswenger, Proc. of The 1st Intl. Symp. Sputtering. Plasma Processes, Tokyo, Japan, 137, 1991.
9) S. Beisswenger, Proc. of The 3rd Intl. Symp. Sputtering. Plasma Processes, Tokyo, Japan, 331, 1995.
10) M. Sakamoto, *et. al.*, Proc. of The 7th Intl. Symposium on Sputtering and Plasma Processes, Kanazawa, Japan, 86, 2003.
11) E. Kusano, K. Fukushima, T. Saitoh, S. Saiki, N. Kikuchi, H. Nanto, A. Kinbara, Surface and Coatings Technology, 120-121, pp.189-193, 1999.
12) P. Lippens, C. Murez, 52nd SVC Technical Conference Proceedings, Santa Clara, May 9-14, pp.390, 2009.
13) E. Kusano, J. Appl. Phys, 70, 7089, 1991.
14) J. A. Thornton, J. Vac. Sci. Technol., 11, 666, 1974.

《一般的な参考書》
1) 金原 粲：スパタリング現象 —基礎と薄膜・コーティング技術への応用—，東京大学出版会，1984.
2) 金原 粲監修，白木靖寛，吉田貞史編著：薄膜工学，丸善，2003.
3) 平尾 孝，吉田哲久，早川 茂：薄膜技術の新潮流，工業調査会，1997.
4) 日本学術振興会薄膜第131委員会編：薄膜ハンドブック（第2版），オーム社，2008.
5) R. Behrisch, "Sputtering by Particle Bombardment I", Topics in Applied Physics Vol.47, Springer-Verlag, 1981.
6) R. Behrisch, "Sputtering by Particle Bombardment II", Topics in Applied Physics Vol.52, Springer-Verlag, 1983.
7) R. Behrisch, K. Wittmaack, "Sputtering by Particle Bombardment III", Topics in Applied Physics Vol.64, Springer-Verlag, 1991.
8) S. M. Rossnagel, J. J. Cuomo, W. D. Westwood, "Handbook of Plasma Processing Technology", Noyes Publications, 1989.
9) Olg A. Popov, "High Density Plasma Sources", Noyes Publications, Park Ridge,

1995.
10) M. H. Francombe, J. L. Vossen, "Plasma Sources for Thin Film Deposition and Etching", Physics of Thin Films, Vol.18, Academic Press, 1994.
11) Ronald A. Powel, Stephen Rossnagel, "PVD for Microelectronics: Sputter Deposition applied to Semiconductor Manufacturing", Thin Films, Vol.26, Academic Press, 1999.
12) J. L. Vossen, "Thin Film Processes II", Academic Press, 1997.
13) W. D. Westwood, "Sputter Deposition", American Vacuum Society, 2003.
14) D. Depla, S.Mahieu (Eds.), "Reactive Sputter DepositionSeries", Springer Series in Materials Science, Vol.109, 2008.

第5章
1) 日本学術振興会薄膜第131委員会編：薄膜ハンドブック（第2版），第4章1節，オーム社，2008.
2) 前田和夫：VLSIとCVD ―半導体デバイスへのCVD技術の応用―，槇書店，1997.
3) Hugh O. Pierson, Handbook of Refractory Carbide and Nitride, Section15, Noyes Publications, New Jersey, 1996.
4) Theodore M. Besmann, David, P. Stinton, Richard L. Lowden, Woo. Y. Lee, Part Eight, Section 22, in Carbide, Nitride, and Boride Materials Synthesis and Processing, Edited by Alan W. Weimer, CHAPMAN & HALL, 1997.
5) Steven R. Doroes, Toivo T. Kodas, Mark J. Hampden-Smith, Part Eight, Section 23, in Carbide, Nitride, and Boride Materials Synthesis and Processing, Edited by Alan W. Weimer, CHAPMAN & HALL, 1997.
6) J. L. Vossen, Werner Kern, Thin Film Processes, Academic Press, 1978.

《一般的な参考書》
1) 日本学術振興会薄膜第131委員会編：薄膜ハンドブック（第2版），オーム社，2008.
2) 表面技術協会編：PVD・CVD皮膜の基礎と応用，槇書店，1994.
3) 前田和夫：VLSIとCVD ―半導体デバイスへのCVD技術の応用―，槇書店，1997.
4) J. L. Vossen, Werner Kern, Thin Film Processes II, Academic Press, 1991.
5) Hugh O. Pierson (Ed), Handbook of Chemical Vapor Deposition, 2nd Edition, Second Edition: Principles, Technology and Applications, William Andrew, Norwich, NY USA, 1999.
6) 市川幸美，堤井信力，佐々木敏明：プラズマ半導体プロセス工学 ―成膜とエッチング入門，内田老鶴圃，2003.
7) D. M. Dobkin, M. K. Zuraw, Principles of Chemical Vapor Deposition, Kluwer Academic Publishers, Dordrecht, The Netherlands, 2003.
8) Milton Ohring, Daniel Gall, Materials Science of Thin Films, Third Edition: Deposition and Structure, Academic Press, San Diego, CA USA, 2012.

第 6 章
《一般的な参考文献》
1) 日本学術振興会薄膜第 131 委員会編：薄膜ハンドブック（第 2 版），オーム社，2008.
2) 吉原一紘：入門 表面分析―固体表面を理解するための（材料学シリーズ），内田老鶴圃，2003.
3) 日本表面科学会編：ナノテクノロジーのための走査プローブ顕微鏡（表面分析技術選書），丸善，2002.
4) 日本表面科学会編，ナノテクノロジーのための走査電子顕微鏡（表面分析技術選書），丸善，2004.
5) 中井 泉，泉 富士夫，粉末 X 線解析の実際（第 2 版），朝倉書店，2009.
6) Gernot Friedbacher and Henning Bubert, Surface and Thin Film Analysis: A Compendium of Principles, Instrumentation, and Applications 2nd edition, Wiley-VCH, Weinheim, Germany, 2011.
7) Milton Ohring, Daniel Gall, Materials Science of Thin Films, Third Edition: Deposition and Structure, Academic Press, San Diego, CA USA, 2012.

第 7 章
1) 今井拓司（日経エレクトロニクス Tech-on），日経エレクトロニクス創刊 1000 号記念特別編集版，2009 年 3 月 30 日，pp.102，2009.
2) M. A. Green, K. Emery, Y. Hishikawa, W. Warta, E. D. Dunlop, Prog. Photovolt: Res. Appl. 20, 12, 2012.
3) 河合基伸，野澤哲生，Phil Keys（日経エレクトロニクス）：日経エレクトロニクス 2011 年 10 月 17 日号，pp.31，2011.
4) 板硝子協会 エコガラスホームページ，http://www.ecoglass.jp/

さくいん

● 欧 文

CVD 装置　108
DVD　146
Frank-van der Merve 様式　37
MOCVD 法　111，115
Si 系薄膜型太陽電池　147
van der Pauw 法　130
Volmer-Weber 様式　37
X 線回折法　122
X 線光電子分光法　124
X 線微小分析法　124

● あ 行

アークイオンプレーティング法　64
アーク蒸発法　56
圧　力　15
アンバランストマグネトロンスパッタリング法　90
イオンアシスト蒸着法　65
イオン温度　25
イオン化スパッタリング法　94
イオンビームスパッタリング法　87，95
液晶ディスプレイ　140
エリプソメトリー　126
往復摩耗試験機　136
応　力　134
オージェ電子分光法　125

● か 行

化学気相成長法　11，102
化合物半導体薄膜太陽電池　148
ガスバリアコーティング　153
カソード機構　82
硬　さ　132
活性化蒸着法　63
還元反応　106
機械的物性　132

気体の速さ　19
気体分子束の大きさ　22
気体分子密度　16
記録媒体　143
ゲート電極　139
原料ガス　103，107，108，116
光学的物性　125
光学薄膜　59，149
光学フィルタ　151
高周波イオンプレーティング法　60
高周波放電　30，78
高周波マグネトロンスパッタリング法　87，89
高周波誘導加熱蒸発法　54

● さ 行

酸化反応　106
磁気記録メディア　143
自己バイアス　31
シース　30，76
蒸気圧　43，44，51
真　空　12
真空蒸着法　10，11，41，42
垂直磁気記録方式　145
スクラッチテスター　133
スパッタリング法　10，11，68，87
スパッタリング率　70
スパッタリング粒子のエネルギー　72
絶縁膜　140
走査型電子顕微鏡　118
走査型プローブ顕微鏡　121
装飾膜　152
増反射コーティング　150

● た 行

耐摩耗性　136
太陽エネルギー制御コーティング　151

炭化反応　107
単結晶成長　38
弾性率　132
窒化反応　106
直流グロー放電　27
直流マグネトロンスパッタリング法
　　87，88
抵抗加熱蒸発法　49
抵抗率測定　129
低輻射複層ガラス　152
電気的物性　129
電極配線　139
電子温度　25，93
電子ビーム蒸発法　52
電離度　25
透過型電子顕微鏡　120

● な 行
2極スパッタリング法　76，86，87
熱CVD法　111
熱分解反応　106

● は 行
配向性多結晶薄膜　38
薄膜形態　118
薄膜組成　123
薄膜トランジスタ　140
薄膜の成長様式　36
ハードコーティング　152
パルスマグネトロンスパッタリング法
　　92
反射防止コーティング　149

反応性スパッタリング法　97，98
表面拡散　35
ファン・デル・パウ法　130
付着力　133
プラズマ　24
プラズマCVD法　111，113
プラズマディスプレイ　142
フローティング電位　28
分光透過率　127
分光反射率　127
平均自由行程　21
ボールオンディスク法　137
ホール効果測定　129
ホローカソードイオンプレーティング法
　　62
ホローカソード蒸発法　54

● ま 行
マグネトロン放電　77
面内磁気記録方式　144

● や 行
誘電率　131
誘導結合放電　32
輸送過程　73
容量結合放電　31

● ら 行
レーザビーム蒸発法　55
ロータリーマグネトロンスパッタリング
　　法　96

著者略歴

草野 英二（くさの・えいじ）
1983年　神戸大学大学院工学研究科工業化学専攻修士課程修了
1983年　日本板硝子株式会社入社
1995年　日本板硝子株式会社退社
1995年　金沢工業大学工学部助教授
2001年　金沢工業大学工学部教授
2008年　金沢工業大学バイオ・化学部教授
　　　　現在に至る
　　　　博士（工学）

編集担当　大橋貞夫・小林巧次郎（森北出版）
編集責任　石田昇司（森北出版）
組　版　　dignet
印　刷　　モリモト印刷
製　本　　協栄製本

はじめての薄膜作製技術［第2版］　　　Ⓒ 草野英二　2012

2012年11月15日　第2版第1刷発行　　【本書の無断転載を禁ず】
2018年　8月20日　第2版第2刷発行

著　者　草野英二
発行者　森北博巳
発行所　森北出版株式会社
　　　　東京都千代田区富士見 1-4-11（〒102-0071）
　　　　電話 03-3265-8341／FAX 03-3264-8709
　　　　http://www.morikita.co.jp/
　　　　日本書籍出版協会・自然科学書協会　会員
　　　　JCOPY　<（社）出版者著作権管理機構　委託出版物>

落丁・乱丁本はお取替えいたします。

Printed in Japan／ISBN978-4-627-77452-0

MEMO

MEMO